LES MATHS AU CARRÉ

100 CONCEPTS DE BASE

MARIANNE FREIBERGER
ET RACHEL THOMAS

EYROLLES

Traduction : Christine Liabeuf
Suivi éditorial et PAO : Belle Page

Titre original en langue anglaise : *Maths Squared*

61, boulevard Saint-Germain
75240 Paris Cedex 05
www.editions-eyrolles.com

ISBN : 978-2-212-56726-7
Dépôt légal : septembre 2017
Imprimé en Chine par Toppan Leefung Printing Limited

LES MATHS AU CARRÉ

Sommaire

Introduction

Depuis la nuit des temps, les humains utilisent les mathématiques sous une forme ou une autre, que ce soit pour partager leurs prises de chasse, compter leurs enfants ou construire des abris pour y vivre. Comme d'autres animaux intelligents, nous naissons tous avec une appréciation des nombres et des formes qui est essentielle à notre survie.

Au fil des millénaires, les mathématiques sont devenues bien plus qu'un simple outil. Aujourd'hui, elles constituent le langage des sciences, elles sont le combustible du monde numérique et nous permettent de créer des jeux vidéo et des images cinématographiques d'un réalisme à couper le souffle. Elles nous propulsent dans l'espace et contribuent à mettre au point des appareils médicaux sophistiqués. Chaque fois que nous avons besoin d'évaluer quelque chose d'un point de vue critique, que ce soit l'efficacité d'un médicament ou l'effet d'une stratégie politique, nous nous tournons vers les mathématiques. Cependant, la raison pour laquelle cette discipline est si efficace pour décrire et comprendre le monde qui nous entoure reste un mystère. En fait, chaque fois que nous tentons d'appréhender des motifs et des formes, qu'ils soient visuels, physiques ou mentaux, nous appliquons des idées mathématiques, souvent sans même en être conscients.

Mais ce n'est pas tout. Les mathématiques sont un langage d'une beauté époustouflante. Comme un morceau de musique, elles se coulent dans les rythmes de la logique pour donner naissance à des structures hypnotiques. De nombreux mathématiciens se

De toute beauté : l'hécatonicosachore est un analogue à quatre dimensions du dodécaèdre. Puisqu'il est en quatre dimensions, il est impossible à visualiser. Cette image en est une projection dans un espace en trois dimensions.

délectent simplement de cette harmonie, sans véritablement se préoccuper des applications que leurs découvertes pourraient engendrer. Contrairement à certaines idées répandues, les mathématiques constituent un sujet dynamique au sein duquel il reste beaucoup à découvrir et qui évolue constamment.

Cet ouvrage présente 100 concepts de base que, selon nous, vous aimeriez connaître, en raison de leur utilité ou parce qu'ils sont intéressants, beaux ou curieux. Notre exploration nous mènera des objets élémentaires des mathématiques (nombres et formes) vers les géométries complexes, les hautes sphères de la logique et les vastes infinis. Un menu de dégustation, en somme, des meilleurs ingrédients et mets que ce domaine peut offrir.

Chacune des dix parties présente une notion mathématique décomposée en dix bouchées, petites mais savoureuses. Le premier sujet, facile à digérer, aborde des questions familières, comme les triangles simples. Le dernier sujet offre une gourmandise à savourer : un résultat ou un événement important qui illustre les limites du savoir mathématique. Il peut s'agir de problèmes importants non résolus (certains hantent les mathématiciens depuis des siècles) ; de preuves importantes, comme celle de la conjecture de Poincaré, trouvée en 2003 par Grigory Perelman ; ou de théories mathématiques, celle de la relativité générale d'Einstein, par exemple.

Chaque bouchée peut être digérée en quelques minutes seulement. Notre objectif est de vous aider à apprécier une discipline que nous avons la chance de savourer au quotidien, et nous espérons que ces morceaux goûteux aiguiseront votre curiosité et que vous souhaiterez aller plus loin et explorer davantage les mathématiques. Bon appétit !

Parmi les sujets abordés dans cet ouvrage, vous trouverez (de haut en bas, de gauche à droite) : les motifs de papier peint, les axiomes de Peano, la cardinalité, les hyperboles, la géométrie hyperbolique, l'effet papillon, le hasard, les systèmes axiomatiques et π (*pi*).

CHIFFRES ET NOMBRES

1

Lorsque nous pensons aux mathématiques, la première chose qui nous vient à l'esprit, ce sont les nombres naturels, que nous apprenons au cours des premières années de notre vie. En effet, notre premier contact avec les mathématiques consiste à additionner, soustraire, multiplier et diviser des chiffres.

Cette partie s'intéresse aux nombres. Nous verrons que le zéro, qui fait partie intégrante de notre quotidien, est une invention relativement récente. Nous constaterons que la façon dont nous écrivons les nombres, qui nous semble naturelle, est en fait très sophistiquée. Enfin, nous découvrirons que les puissances permettent d'écrire et d'effectuer des calculs avec de très grands et de très petits nombres naturels.

Ce chapitre présente également un type particulier de nombres : les nombres premiers, qui ne peuvent se diviser que par eux-mêmes et par 1.

Dans un sens, les nombres premiers codent l'ADN de tous les nombres. Il n'est donc pas surprenant que les mathématiciens les aiment tant. Ils cherchent en permanence des nombres premiers plus grands, que personne n'a jamais découverts, et passent une grande partie de leur temps à tenter de comprendre quelle est leur place parmi les autres nombres. Certains des problèmes mathématiques les plus ardus sont associés aux nombres premiers. Nous en verrons deux au cours de ce chapitre.

Cette partie ne se limite toutefois pas aux nombres naturels. Elle évoque aussi les fractions, les nombres négatifs, les nombres irrationnels, les nombres complexes et bien d'autres encore. Nous les aborderons tour à tour et nous verrons que chacun dissimule des modes de fonctionnement et des structures.

Sommaire

1.1 Ligne des nombres

Les nombres naturels existent depuis que les humains ont commencé à compter. Le chiffre zéro, quant à lui, est une invention relativement récente.

Les nombres (1, 2, 3, 4, etc.) viennent aux enfants tout aussi naturellement qu'aux premiers humains, ce qui leur vaut l'appellation de **nombres naturels** (ou **entiers naturels**). Il y en a une infinité, puisqu'il est toujours possible d'ajouter une unité lorsque l'on compte. Il peut s'avérer utile de les imaginer comme formant une ligne de numéros, une sorte de règle sans fin qui s'étend au-delà de l'horizon.

Mais qu'en est-il du zéro ? Ce chiffre a fait son apparition relativement récemment en mathématiques. Même si les gens utilisent les nombres depuis des milliers d'années, il a fallu attendre le VIIe siècle pour que des mathématiciens commencent à traiter le zéro comme un chiffre à part entière. À l'instar des autres symboles numériques que nous utilisons, le symbole du zéro « 0 » a vu le jour en Inde.

Aujourd'hui, nous le traitons comme un chiffre ordinaire. Il peut être le résultat d'un calcul. Par exemple, si vous avez 100 € sur votre compte en banque et que vous retirez la somme de 100 €, votre solde est 100 – 100 = 0.

Si vous retirez 120 €, vous entrez dans le monde des nombres négatifs. En ajoutant ces derniers (avec le 0) à la ligne imaginaire des nombres, on obtient une règle infinie dans les deux sens. Le calcul arithmétique revient alors à se déplacer dans les deux directions le long de cette ligne.

Certaines cultures n'ont des mots que pour désigner les premiers nombres naturels. Tout le reste est appelé « beaucoup ».

Travailler avec des nombres négatifs

Dans une addition

$$a + (-b) = a - b$$

autrement dit

$$4 + (-2) = 4 - 2$$

Dans une soustraction

$$a - (-b) = a + b$$

autrement dit

$$4 - (-2) = 4 + 2$$

Dans une multiplication

$$a \times (-b) = (-a) \times b = -(a \times b)$$

autrement dit

$$4 \times (-2) = (-4) \times 2 = -(4 \times 2)$$

Dans une multiplication de nombres négatifs

$$(-a) \times (-b) = a \times b$$

autrement dit

$$(-4) \times (-2) = 4 \times 2$$

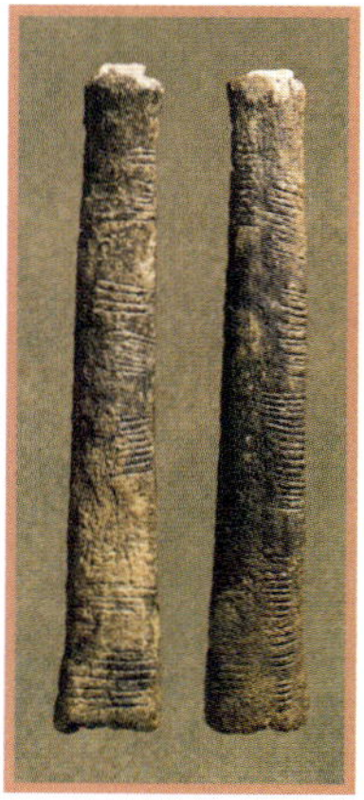

L'os d'Ishango constitue la plus ancienne preuve d'êtres humains utilisant des encoches pour compter ; il est vieux d'environ 20 000 ans.

Tout le monde est capable d'effectuer des calculs simples avec des nombres positifs, mais il en va différemment avec les nombres négatifs. Quelques règles simples facilitent la tâche.

1.2 Notation positionnelle

Même si nous n'en avons pas l'impression au premier abord, la façon dont nous écrivons les nombres est ingénieuse. Pourquoi ?

Nous sommes tellement habitués à notre façon d'écrire les nombres naturels que nous ne distinguons quasiment plus un nombre du symbole qui sert à le représenter. Il est donc facile d'oublier l'ingéniosité de notre système de numération.

Prenons par exemple le nombre 423. Le symbole 4 ne représente pas le chiffre quatre, mais le nombre quatre cent. De la même façon, le symbole 2 matérialise vingt. Seul le symbole 3 dénote véritablement le chiffre trois. Ainsi, 423 est la notation abrégée de :

$(4 \times 100) + (2 \times 10) + (3 \times 1)$

La signification d'un symbole dépend de sa position sur la ligne des nombres. Si on lit à partir de la droite, le premier chiffre d'un nombre compte les unités, le deuxième, les dizaines, le troisième, les centaines, et ainsi de suite. Chaque fois que l'on se déplace d'un chiffre vers la gauche, on multiplie par dix la taille des lots que l'on compte. Cette idée est brillante, car elle permet d'écrire des nombres importants simplement, sans inventer de nouveaux symboles.

Cette notation positionnelle est appelée **système décimal**, car sa base est le nombre 10. Elle pourrait toutefois être fondée sur n'importe quel autre nombre. Par exemple, les données informatiques se fondent sur le chiffre 2 (base binaire) : elles n'utilisent que des 0 et des 1.

Les Babyloniens ont inventé la notation positionnelle, mais leur système de numération avait pour base le nombre 60, au lieu de 10 pour le nôtre.

Chiffres babyloniens

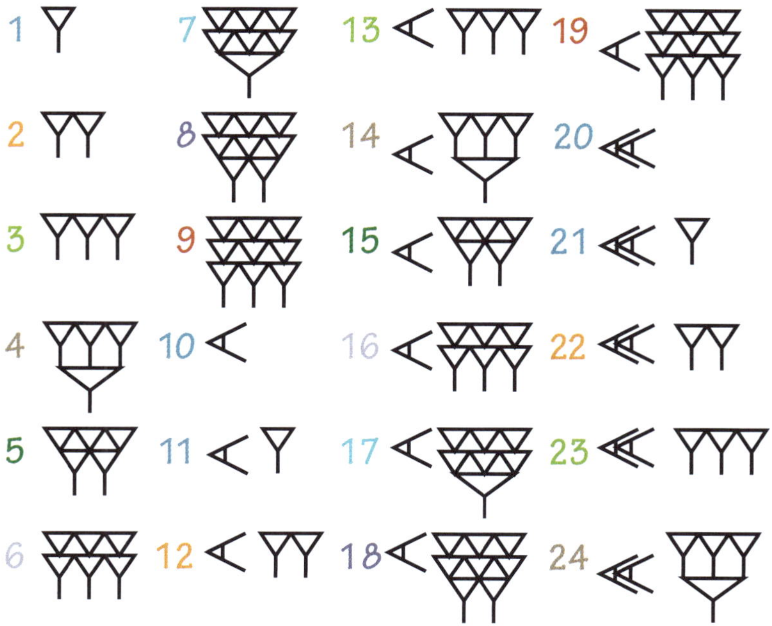

Ces nombres sont des exemples de ceux utilisés par le peuple que nous appelons les Babyloniens. À la différence de notre système, le leur était en base 60.

1.3 Puissances

Les mathématiques constituent un langage très efficace. L'utilisation des puissances abrège et simplifie les calculs.

Nous pouvons écrire 2 × 2 sous la forme 2^2,

2 × 2 × 2 sous la forme 2^3 et

2 × 2 × 2 × 2 × 2 × 2 × 2 × 2 × 2 × 2 × 2 × 2 × 2 × 2 × 2 × 2 × 2 × 2 × 2 × 2 × 2 × 2 × 2 × 2 × 2 × 2 × 2 × 2 × 2 × 2 × 2 × 2 × 2 × 2 × 2 × 2 × 2 × 2 × 2 × 2 × 2 × 2 × 2 × 2 × 2 × 2 × 2 × 2 × 2 × 2 sous la forme 2^{50}.

Il est d'usage de dire que nous élevons le chiffre 2 à la **puissance** 50. Non seulement c'est plus efficace que d'écrire la multiplication dans son intégralité, mais c'est également plus rapide que de noter la valeur du résultat :

2^{50} = 1 125 899 906 842 624

L'utilisation de puissances facilite les longs calculs. Calculer le résultat de 8 388 608 × 134 217 728 de tête serait impossible et, avec un papier et un crayon, prendrait beaucoup de temps. En revanche, il est facile de calculer $2^{23} \times 2^{27}$, grâce aux règles des puissances. Pour multiplier un nombre élevé à une puissance par ce même nombre élevé à une autre puissance, il suffit d'additionner les puissances :

$2^{23} \times 2^{27} = 2^{23+27} = 2^{50}$

Les puissances simplifient également les divisions :
$2^a/2^b = 2^{a-b}$

et les calculs avec les puissances : $(2^a)^b = 2^{a \times b}$

Vous pouvez même élever un nombre à une puissance négative : $2^{-a} = 2^0 \times 2^{-a} = 1/2^a$

Essayez de calculer 1024^5. Quand on sait que $1024 = 2^{10}$, tout semble plus facile : $(2^{10})^5 = 2^{10\times5} = 2^{50}$.

Calcul avec des puissances

$$x^a \times x^b = x^{a+b}$$

autrement dit

$$2^3 \times 2^4 = 2^{(3+4)} = 2^7$$

$$(x^a)^b = x^{ab}$$

autrement dit

$$(2^3)^4 = 2^{3\times4} = 2^{12}$$

$$x^{-a} = \frac{1}{x^a}$$

autrement dit

$$2^{-3} = \frac{1}{2^3} = \frac{1}{8}$$

$$\frac{x^a}{x^b} = x^{a-b}$$

autrement dit

$$\frac{2^4}{2^3} = 2^{4-3} = 2$$

Voici les règles d'utilisation des puissances. De haut en bas : multiplication, élévation à une autre puissance et division.

1.4 Notation scientifique

Élever un nombre à la puissance d'un autre permet de calculer rapidement de très grandes sommes et d'exprimer des nombres immenses (ou minuscules) avec seulement quelques chiffres.

Le moteur de recherche Google a été baptisé (si l'on ne tient pas compte de la faute d'orthographe) d'après un nombre. En 1929, le mathématicien américain Edward Kasner a inventé le **googol**, 1 suivi de 100 zéros. Plutôt que d'écrire ce nombre en entier, avec ses 101, il est plus facile de le représenter sous la forme 10^{100} (voir 1.3).

Chaque fois que vous multipliez un nombre par dix, le résultat est égal au nombre de départ, avec un zéro ajouté à la fin :

$1 \times 10 = 10$

$1 \times 10^2 = 1 \times 100 = 100$

Ainsi, si vous souhaitez écrire un très grand nombre, vous pouvez utiliser la **notation scientifique** suivante comme forme abrégée :

1×10^n = 1 suivi de n zéros.

Par exemple, la vitesse de la lumière est d'environ 300000000 mètres par seconde, que l'on peut écrire en notation scientifique sous la forme 3×10^8 m par seconde, beaucoup plus succincte.

Vous pouvez également utiliser cette notation pour exprimer des nombres minuscules, en utilisant des exposants négatifs (voir ci-contre). Vous pouvez écrire 1/10 sous la forme 10^{-1}, 1/100 sous la forme 10^{-2} et ainsi de suite.

Sur une calculatrice, 3×10^8 peut s'afficher sous la forme 3 *e*8 ou 3 *EX 8*.

De minuscules particules

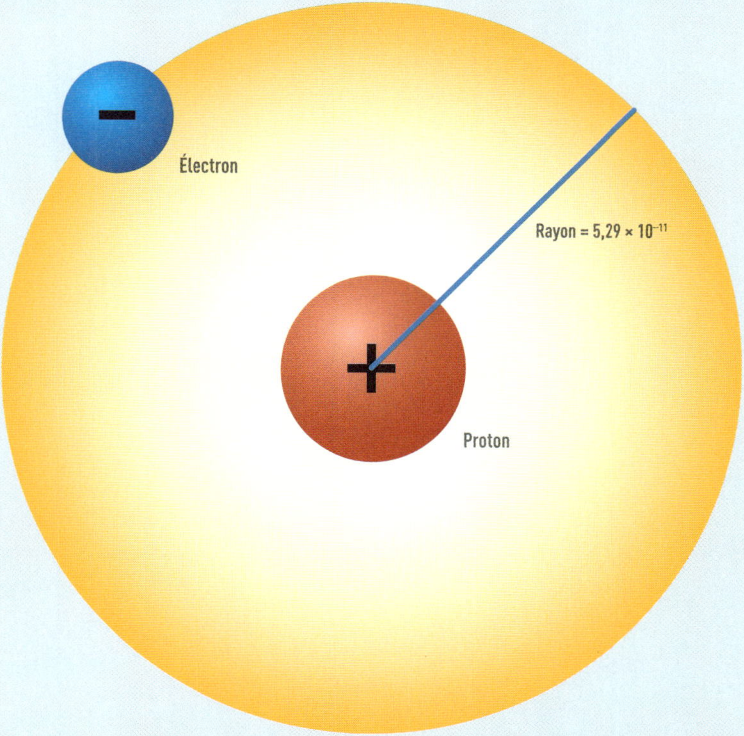

Pour écrire un nombre minuscule, par exemple le rayon d'un atome d'hydrogène (ci-dessus), vous pouvez simplement écrire $5{,}29 \times 10^{-11}$ mètres, plutôt que 0,0000000000529 mètre.

1.5 Nombres premiers

Les nombres premiers constituent l'ADN des nombres naturels.

Certains nombres sont faciles à diviser. Le chiffre 4, par exemple, est égal à 2 × 2. Douze est égal à 2 × 6 ou 3 × 4. Cependant, les nombres ne se prêtent pas tous aux divisions.

Essayez d'écrire le chiffre 3, par exemple, sous la forme d'un produit de deux autres nombres entiers. La seule possibilité est 1 × 3. Il en va de même pour 5 (1 × 5) et 7 (1 × 7). Ce sont des **nombres premiers**, qui peuvent être divisés uniquement par 1 et par eux-mêmes. Tous les nombres premiers inférieurs à 100 sont présentés dans le tableau ci-contre.

Les nombres premiers sont les équivalents mathématiques des atomes : tous les autres nombres entiers sont des combinaisons de nombres premiers. Par exemple :

24 = 2 × 2 × 2 × 3

Chaque facteur dans cet exemple est un nombre premier, qui ne peut pas être divisé davantage. Les quatre facteurs premiers – trois 2 et un 3 – , sont, d'une certaine façon, l'ADN qui identifie de manière unique le nombre 24.

De la même façon, tous les nombres peuvent s'écrire sous la forme d'un produit de nombres premiers. Ce résultat constitue le théorème fondamental de l'arithmétique, découvert aux alentours de 300 avant J.-C. par le mathématicien grec Euclide d'Alexandrie. Celui-ci a également démontré l'existence d'une infinité de nombres premiers. Parviendrons-nous à tous les trouver un jour (voir 1.6) ?

Tous les nombres premiers possèdent une unité de plus ou une unité de moins qu'un multiple de six.

Nombres premiers

1	2	3	4	5	6	7	8	9	10
11	12	13	14	15	16	17	18	19	20
21	22	23	24	25	26	27	28	29	30
31	32	33	34	35	36	37	38	39	40
41	42	43	44	45	46	47	48	49	50
51	52	53	54	55	56	57	58	59	60
61	62	63	64	65	66	67	68	69	70
71	72	73	74	75	76	77	78	79	80
81	82	83	84	85	86	87	88	89	90
91	92	93	94	95	96	97	98	99	100

Ce tableau présentant les nombres de 1 à 100 met en évidence les nombres premiers et les facteurs les plus faibles des nombres non premiers.

Nombre premier	
Multiples de 2	Multiples de 3
Multiples de 5	Multiples de 7

1.6 Grands nombres premiers

La chasse aux nombres premiers de plus en plus grands est devenue un passe-temps mathématique répandu.

Nous savons avec certitude qu'il existe une infinité de nombres premiers, mais malheureusement aucune méthode ne permet de les repérer, à la différence des nombres pairs, par exemple, qui sont aussi en nombre infini, mais plus faciles à reconnaître, car ils se terminent par 0, 2, 4, 6 ou 8.

Aucune astuce n'aide à détecter les nombres premiers : le fait de vérifier si un nombre donné est un nombre premier peut nécessiter une puissance de calcul gigantesque. C'est la raison pour laquelle la découverte d'un nouveau nombre premier représente toujours un événement dans le monde des mathématiques.

Les **nombres de Mersenne** sont des candidats particuliers au titre de nombre premier. Ils peuvent prendre la forme $2^n - 1$, pour un nombre naturel *n*. Voici deux exemples :

$3 = 2^2 - 1$ et $7 = 2^3 - 1$

Les méthodes mathématiques permettant de vérifier si un nombre de Mersenne est aussi un nombre premier sont plus rapides que pour la vérification d'autres nombres, ce qui explique pourquoi les chasseurs de nombres premiers s'intéressent plutôt à eux.

De fait, les derniers nombres premiers découverts étaient tous des nombres de Mersenne. Depuis janvier 2013, le plus grand nombre premier connu est $2^{57\,885\,161} - 1$. Dans son intégralité, il compte plus de 17 millions de chiffres.

Lancez-vous dans la quête en ligne du plus grand nombre premier, sur le site consacré aux nombres premiers de Mersenne (www.mersenne.org).

Les plus grands nombres premiers connus

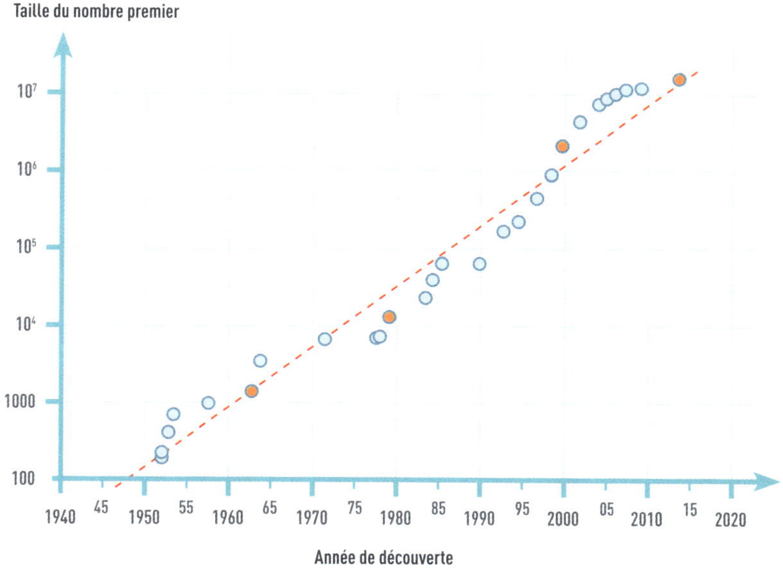

- 1961: Découverte du premier nombre premier titanesque (plus de 1000 chiffres), avec 1332 chiffres.
- 1979: Découverte du premier nombre premier gigantesque (plus de 10 000 chiffres), avec 13 395 chiffres.
- 1999: Découverte du premier méganombre premier (plus de 1 000 000 chiffres), avec 2 098 960 chiffres.
- 2013: Découverte du plus grand nombre premier connu, avec 17 425 170 chiffres.

Ce graphique illustre l'augmentation, au fil du temps, du nombre de chiffres qui composent le plus grand nombre premier.

1.7 Cryptographie

Nous utilisons la cryptographie chaque fois que nous achetons un article en ligne, que nous nous connectons à un site internet sécurisé ou que nous envoyons des fichiers *via* une connexion sécurisée.

Internet s'appuie sur un type de cryptographie appelé **cryptosystème à clés publiques** RSA, d'après les initiales de Ronald Rivest, Adi Shamir et Leonard Adleman, qui l'ont inventé en 1977.

Ce système permet à quiconque souhaite recevoir des messages sécurisés (par exemple une banque en ligne) de générer une clé publique, sorte de cadenas ouvert attendant de se refermer sur une boîte contenant le message destiné à la banque. Ce message est donc conservé en sécurité, il ne peut être ouvert qu'au moyen de la clé privée correspondant au cadenas, que la banque ne communique jamais.

Ce système ne fonctionnerait pas si quelqu'un était capable de calculer rapidement une clé privée à partir d'une clé publique. Mais les calculs impliqués dans le système RSA garantissent que la seule manière d'y parvenir est de connaître les facteurs d'un grand nombre, *N*, qui composent la clé privée.

Or, s'il est relativement facile de multiplier deux nombres, trouver les facteurs d'un nombre peut s'avérer très ardu. Plus précisément, il n'existe aucune méthode efficace pour trouver les facteurs d'un nombre qui serait le produit de très grands nombres premiers. C'est donc tout naturellement un produit de grands nombres premiers que le système RSA utilise pour le nombre *N*.

Le nombre *N* utilisé par le système RSA dans les navigateurs internet et les téléphones compte plus de 617 chiffres.

Le système RSA

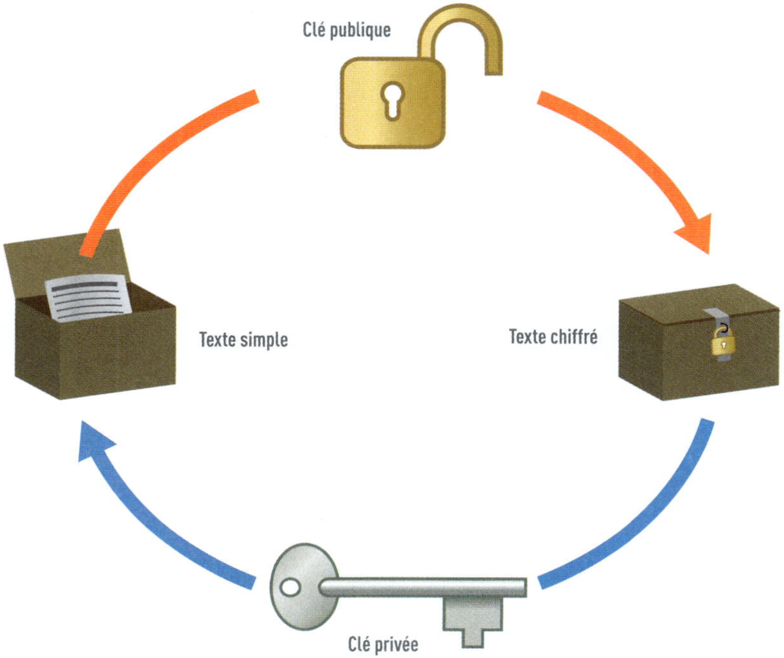

Le cadenas ouvert et la clé correspondante, dans le cas du système RSA, sont composés de trois chiffres. Vous verrouillez votre message avec une clé publique et le destinataire doit faire appel à une clé privée pour déchiffrer le code.

1.8 Nombres rationnels et irrationnels

Les nombres rationnels – qui peuvent être représentés par une fraction impliquant des nombres entiers – sont au cœur des mathématiques depuis plusieurs millénaires.

Les Grecs de l'Ant quité, en particulier les pythagoriciens, affectionnaient les nombres rationnels, à tel point qu'ils pensaient que tous les nombres étaient **rationnels** (les nombres entiers étaient simplement des fractions dont 1 était le dénominateur : $1 = {}^{1}/_{1}$, $2 = {}^{2}/_{1}$, $3 = {}^{3}/_{1}$ ...).

À leurs yeux, les nombres rationnels pouvaient expliquer tout l'Univers. Prenons l'exemple de la musique : si l'on joue deux notes sur un instrument à cordes, en faisant en sorte que la longueur de la corde qui joue une note puisse s'écrire sous la forme d'une simple fraction de la longueur de la corde jouant l'autre note, ces deux notes jouées ensemble sonneront harmonieusement. Si l'on prend l'intervalle le plus basique en musique, l'octave (au début, par exemple, de *Singing in the Rain*), on peut constater qu'il est créé lorsqu'une corde est moitié plus courte que l'autre.

Imaginez donc la stupéfaction des Grecs lorsqu'ils ont découvert que les nombres ne pouvaient pas tous être écrits sous la forme de fractions de nombres entiers. Les nombres qui ne sont pas rationnels sont **irrationnels**. L'un des premiers nombres irrationnels découverts fut $\sqrt{2}$ (la racine carrée de 2), soit la longueur d'une diagonale d'un carré dont les côtés ont une longueur de 1. La légende veut qu'Hippase de Métaponte, qui découvrit que ce nombre était irrationnel, ait été condamné à la noyade en mer par ses collègues mathématiciens.

Conjointement, les nombres rationnels et irrationnels composent l'ensemble des nombres réels.

Développement décimal

Nombres rationnels — Nombres irrationnels

$$\frac{1}{4} = 0.25$$

$$\frac{1}{3} = 0.3333333333333\ldots$$

$$\frac{1}{7} = 0.142857142857142857\ldots$$

$$\sqrt{2} = 1.41421356237309 5\ldots$$

$$\pi = 3.14159265358979 3\ldots$$

$$e = 2.718281828459045$$

Le développement décimal des nombres rationnels a pour résultat un nombre fini de chiffres ou prend fin avec un modèle qui se répète (on dit qu'il est périodique). Le résultat du développement de nombres irrationnels, quant à lui, est illimité et non périodique.

1.9 Nombres complexes

Les nombres complexes sont nés de l'impossible, mais se sont avérés incroyablement utiles.

Existe-t-il une racine carrée de –1 ? La réponse semble être négative. Qu'un nombre soit positif ou négatif, le fait de le multiplier par lui-même donne toujours un résultat positif.

Au XVIe siècle, les mathématiciens décidèrent de faire comme si la racine carrée de –1 existait (elle est maintenant appelée **nombre imaginaire**, représentée par le symbole *i*). Elle a été inventée, car découvrir la solution d'une équation implique quelquefois d'utiliser la racine carrée d'un nombre négatif. Si vous faites comme si ce nombre étrange existait et effectuez vos calculs, le résultat peut être un nombre réel, qui est la solution de l'équation.

Grâce au nombre *i*, vous pouvez créer des **nombres complexes**. Ceux-ci prennent la forme $a + ib$, où a et b sont des nombres réels, par exemple, $1 + 2i$ ou $3 + 5i$. Il existe des règles de calcul avec les nombres complexes (voir ci-contre), qui forment donc un système de nombres parfaitement cohérent.

En-dehors des mathématiques, les nombres complexes trouvent leur utilité lorsqu'une paire de nombres aide à décrire un phénomène. Par exemple, en électronique, le courant et l'intensité sont des notions plus complexes que de simples nombres, et leurs caractéristiques sont mieux illustrées sous la forme de nombres complexes.

La racine carrée d'un nombre *n* est le nombre qui, lorsqu'il est multiplié par lui-même, donne *n*.

Un plan complexe

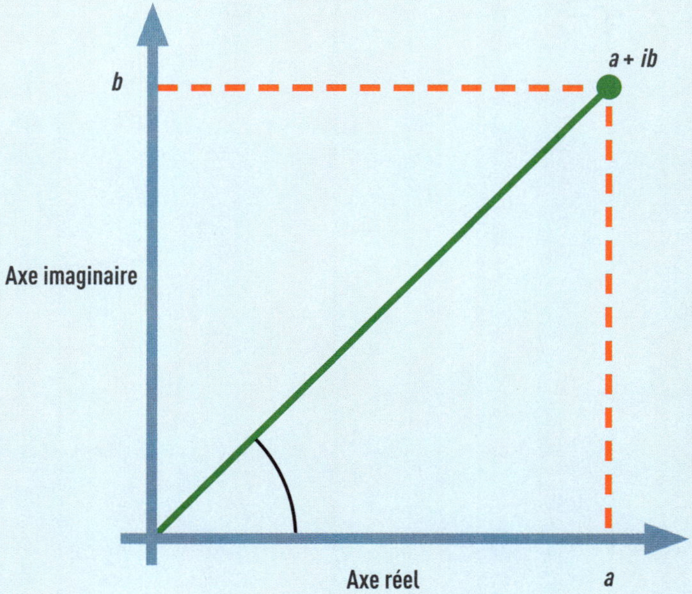

$$(a + ib) + (c + id) = (a + c) + i(b + d)$$

$$(a + ib) \times (c + id) = (ac - bd) + i(bc + ad)$$

Les nombres complexes ont une interprétation géométrique. Le nombre complexe *a* + *ib* (représenté ci-dessus par le point vert) correspond au point de coordonnées (*a*, *b*) dans un système de coordonnées cartésiennes (voir 3.2).

1.10 Problèmes de nombres premiers

De nombreuses questions ouvertes en théorie des nombres sont simples à énoncer ; n'importe lequel d'entre nous est capable de les comprendre. Pourtant, les réponses à ces questions échappent aux mathématiciens depuis des siècles.

En 1742, Christian Goldbach (1690-1764) a écrit à Leonhard Euler (1707-1783) une lettre contenant ce qui a été baptisé par la suite la « conjecture de Goldbach » : tout nombre pair supérieur à 2 peut être écrit comme la somme de deux nombres premiers. Par exemple :

4 = 2 + 2

6 = 3 + 3

8 = 5 + 3

Tous les mathématiciens pensent que cette conjecture est vraie et elle a été vérifiée par des ordinateurs pour chaque nombre pair jusqu'à 4×10^{17}. Cependant, la preuve absolue n'a toujours pas été apportée. En 2013, le mathématicien péruvien Harald Helfgott (né en 1977) a créé l'événement en annonçant qu'il était parvenu à prouver ce qu'il appelait la conjecture faible de Goldbach : tout nombre impair supérieur à 5 est la somme de trois nombres premiers. L'adjectif « faible » vient du fait que si la conjecture de Goldbach était démontrée, la conjecture dite faible serait vraie : si nous savons qu'un nombre pair est la somme de deux nombres premiers, nous pouvons ajouter le nombre premier 3 pour faire en sorte que tous les nombres impairs soient la somme de trois premiers.

Les mathématiciens jugent la preuve d'Helfgott correcte. Pourtant, en dépit de calculs impressionnants, sa technique semble incapable de démontrer la conjecture de Goldbach.

Au départ, Euler traita la lettre de Goldbach avec dédain, considérant ce problème, encore non résolu aujourd'hui, comme trivial !

Nombres premiers jumeaux

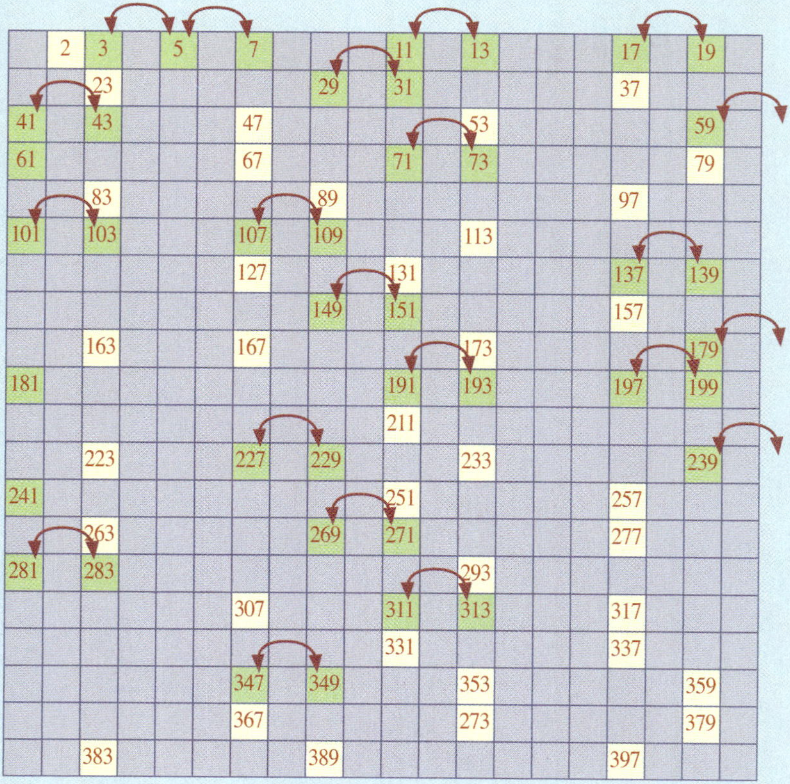

Un autre problème dont la preuve nous échappe est celui des nombres premiers jumeaux, ces nombres premiers qui diffèrent de 2 unités. Les mathématiciens pensent qu'il en existe une infinité, mais personne pour l'heure n'est parvenu à en apporter la preuve.

FORMES

2

La géométrie est l'une des premières aventures mathématiques dans laquelle s'est lancée l'humanité. À la même époque où ils apprennent à compter, les enfants commencent à tracer leurs premières figures géométriques : triangles, carrés et cercles. Non seulement ces formes nous viennent naturellement, mais nous les utilisons dans notre vie quotidienne, pour mesurer les champs que nous cultivons ou pour construire nos maisons. Le mot « géométrie » vient des mots grecs qui signifient « Terre » et « mesure ». Aujourd'hui encore, nous appliquons les règles élémentaires de la géométrie établies par les savants grecs de l'Antiquité.

Ce chapitre explore ces formes idéales que les écoliers affectionnent tant. Le cercle nous a donné l'un des nombres les plus célèbres des mathématiques, tout en constituant la méthode la plus efficace pour délimiter une aire.

Le modeste triangle représente le socle de la trigonométrie, qui explore la relation entre les angles du triangle et ses côtés. Un lien ingénieux entre cercle et triangle nous fournit certaines des fonctions les plus utiles en mathématiques.

Grâce aux règles d'Euclide sur la géométrie plane, les triangles définissent l'espace tel que nous le connaissons. Ils ont permis aux mathématiciens de découvrir un nouveau type de géométrie, qui ouvre les portes sur des domaines que nous avons du mal à nous représenter.

En plus d'explorer de nouvelles géométries, nous découvrirons des formes en apparence impossibles, et nous verrons en quoi une tasse de café et un beignet sont identiques sur le plan mathématique. Nous verrons également comment toutes ces idées ont contribué à résoudre un problème vieux de plusieurs siècles.

Sommaire

2.1 Triangles

Le triangle est la première figure que l'on apprend à l'école. Malgré sa forme simple, il recèle des trésors de puissance mathématique et physique.

Lorsqu'on nous demande de dessiner un triangle, nous traçons souvent un **triangle équilatéral**, dont tous les côtés sont de longueur égale et tous les angles de mesure égale.

Les triangles que nous voyons autour de nous, dans la structure d'une grue, d'un pont ou dans le cadre d'une balançoire sur une aire de jeu, par exemple, sont presque toujours symétriques ; leurs deux moitiés sont identiques. Ce sont des **triangles isocèles** : ils possèdent deux côtés de même longueur et des angles opposés de mesure égale. Dans un **triangle scalène**, les trois côtés ont des longueurs différentes, et chacun des trois angles possède une mesure différente.

La somme des angles d'un triangle dessiné sur une feuille de papier a toujours pour résultat 180 degrés. Il existe une relation entre la mesure d'un angle et la longueur du côté opposé du triangle : plus l'angle est grand, plus le côté opposé est long. Un triangle dont chacun des angles est inférieur à 90 degrés est un **triangle aigu**, et un triangle dont un angle est supérieur à 90 degrés est dit **obtus**.

Le cas particulier d'un triangle dont un angle mesure 90 degrés, le **triangle rectangle**, constitue la base de l'un des théorèmes les plus célèbres de l'histoire des mathématiques : le théorème de Pythagore (voir 3.10).

Le triangle est la figure à côté droit la plus robuste : vous pouvez déformer un carré aux coins articulés, mais un triangle articulé restera rigide.

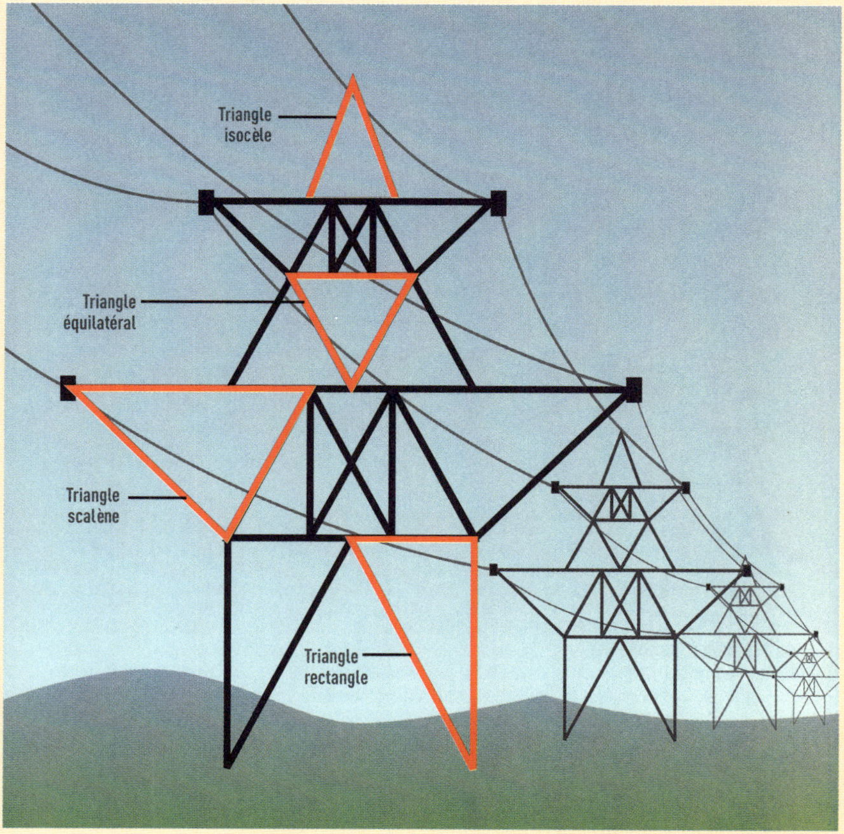

Le théorème de Pythagore : pour un triangle rectangle, le carré de la longueur du côté le plus long (opposé à l'angle droit et appelé « hypoténuse ») est égal à la somme des carrés des longueurs des deux autres côtés.

2.2 Polygones

Du modeste triangle au cercle parfait, il existe une infinité d'étapes.

Le rectangle, ou plus précisément le **quadrilatère**, figure fermée par quatre côtés droits, est plus sophistiqué que le triangle.

Le rectangle appartient à un type particulier de quadrilatère, dont les angles mesurent tous 90 degrés. Si chacun des quatre côtés a la même longueur, c'est un carré. D'autres formes fermées similaires existent, à cinq côtés (pentagones), six (hexagones), sept (heptagones), huit (octogones), neuf (ennéagones), et ainsi de suite.

Collectivement, ces formes sont appelées **polygones**, que l'on pourrait traduire par « formes à plusieurs côtés ». Au-delà de 12 côtés, il est d'usage de parler de « polygone à *n* côtés ».

Le triangle équilatéral et le carré sont des **polygones réguliers**, dont les côtés sont de même longueur et les angles égaux. Il existe également des pentagones, hexagones, heptagones réguliers, et ainsi de suite.

Dans l'Antiquité, les Grecs utilisaient des polygones pour calculer la circonférence et l'aire d'un cercle.

Polygones et cercles

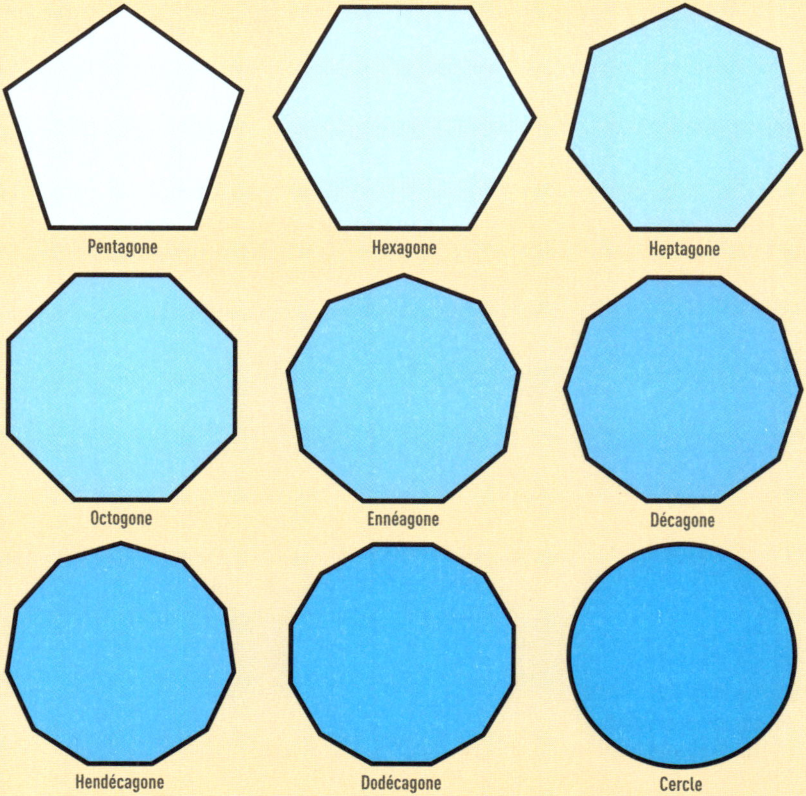

Même si les côtés des polygones à nombreux côtés sont des lignes droites, ils sont si courts qu'ils se rapprochent de la circonférence d'un cercle.

2.3 Cercles

Un cercle est un ensemble de points se trouvant à une distance fixe (rayon) d'un point donné (centre).

Les cercles sont d'une remarquable régularité. Toutes les lignes droites qui passent par le centre d'un cercle sont des lignes de symétrie ; il est possible de refléter le cercle dans cette ligne sans en changer l'aspect. Un cercle peut également pivoter autour de son centre sous n'importe quel angle tout en conservant exactement la même forme, ce qui en fait la figure la plus symétrique de toutes.

Une autre propriété magique du cercle est qu'il optimise l'aire qu'il délimite. Si on vous demandait de disposer une corde en une figure fermée de sorte que l'espace à l'intérieur soit le plus grand possible, vous opteriez pour le cercle : toute déformation du cercle provoquerait un renflement vers l'intérieur, ce qui réduirait l'aire.

Le cercle nous a également donné le nombre le plus célèbre en mathématiques. Si l'on prend un cercle et que l'on divise sa circonférence par son diamètre, on obtient 3,14159..., et ce, quelle que soit la taille du cercle. Cette constante est connue sous le nom de π (la lettre grecque *pi*, voir l'encadré ci-contre). L'aire du cercle est toujours égale à πr^2, r étant le rayon (mesuré comme une ligne droite entre le centre du cercle et tout point sur sa circonférence).

Depuis 2015, l'humanité est parvenue à calculer les 13,3 premiers trillions de décimales de π.

3.141592653589793238462643383279502884197
16939937510582097494459230781640628620899
86280348253421170679821480865132823066470
93844609550582231725359408128481117450 28
41027019385211055596446229489549303819644
28810975665933446128475648233786783165 27
12019091456485669234603486104543266482133
93607260249141273724587006606315588174 88
15209209628292540917153643678925903600113
30530548820466521384146951941511609433 05
72703657595919530921861173819326117931051
18548074462379962749567351885752724891 22
79381830119491298336733624406566430860213
94946395224737190702179860943702770539217
17629317675238467481846766940513200056 81
27145263560827785771342757789609173637178
72146844090122495343014654958537105079227
96892589235420199561121290219608640344181
59813629774771309960518707211349999998372
97804995105973173281609631859502445955 . . .

Le nombre π est irrationnel, ce qui signifie que son développement décimal est illimité et non périodique (il ne se répète pas).

2.4 Trigonométrie

Qu'ont en commun l'astronomie, la navigation, la géographie et l'architecture ? Au cours d'une grande partie de leur histoire, elles se sont appuyées sur la trigonométrie, la « mesure des triangles ».

La **trigonométrie** explore essentiellement les relations entre la mesure des angles et la longueur des côtés d'un triangle. Désignons l'un des plus petits angles d'un triangle rectangle (n'importe lequel des deux) par la lettre θ. Nous pouvons définir les relations trigonométriques de base grâce aux longueurs des trois côtés du triangle :

sin θ = longueur du côté opposé/longueur de l'hypoténuse.

cos θ = longueur du côté adjacent/longueur de l'hypoténuse.

Notez que l'**hypoténuse** est le côté le plus long, opposé à l'angle droit, et que le côté adjacent est celui qui relie l'angle θ à l'angle droit.

Si vous conservez une hypoténuse de même longueur, mais que vous changez la mesure de l'angle θ, la longueur du côté opposé varie avec θ, tout comme la valeur du sinus de θ. De même, la longueur du côté adjacent varie, tout comme la longueur du cosinus de θ.

Les valeurs changeantes des résultats des fonctions trigonométriques forment des vagues régulières qui se répètent. Ces vagues de sinus et cosinus sont au cœur de l'analyse de fluctuations périodiques, depuis le son jusqu'à la sismologie.

Pour n'importe quel angle θ, $\cos^2(\theta) + \sin^2(\theta) = 1$.

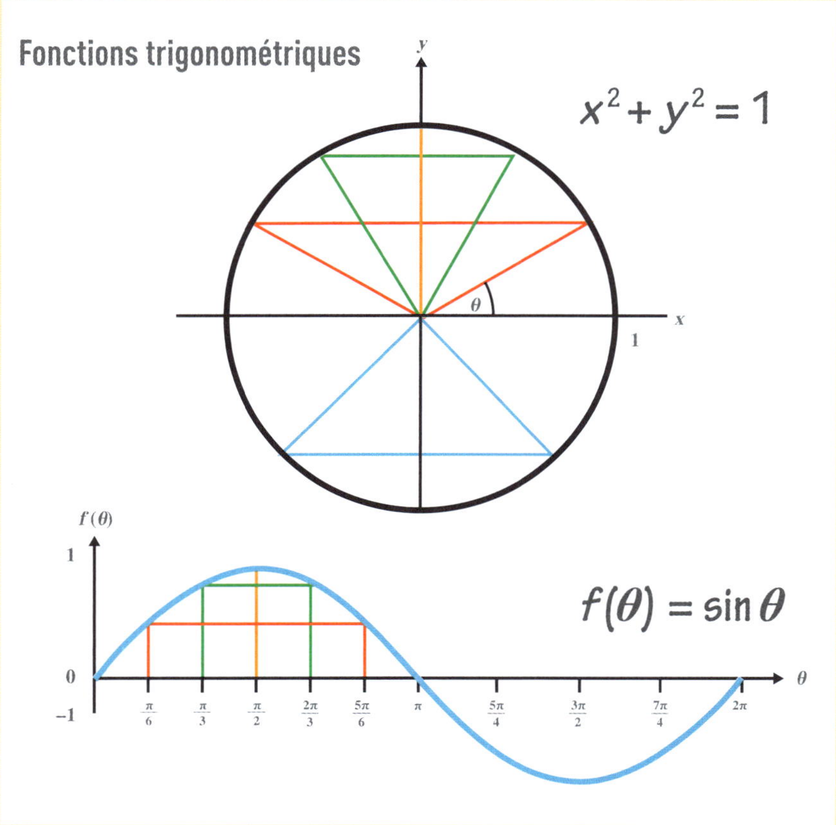

Ce graphique montre comment la fonction sin θ (la ligne pleine bleue) peut être représentée à partir des angles à l'intérieur des triangles. Il s'agit de la fonction y = sin θ pour θ dans l'intervalle (0,2π).

2.5 Formes à un seul côté

Prenez une bande de papier, tordez-la puis collez les extrémités l'une sur l'autre. Vous avez créé un objet important en mathématiques : un ruban de Möbius.

Une bande de papier ordinaire possède deux faces, avant et arrière. Mais combien de côtés composent le **ruban de Möbius** ? Après avoir créé un ruban de Möbius avec une bande de papier, tracez une ligne en son centre sans lever le crayon et continuez jusqu'à atteindre le point de départ.

Si vous aviez joint les extrémités de la bande de papier sans la tordre, vous auriez dessiné une boucle, soit sur l'intérieur, soit sur l'extérieur, du ruban. Mais avec un ruban de Möbius, vous pouvez tracer une ligne reliant deux points quelconques (même si ces points se trouvent sur deux faces opposées de la bande de papier de départ). Ainsi, un ruban de Möbius ne possède aucun côté intérieur ou extérieur : il n'a qu'une seule face.

Ce type de forme à un seul côté est dit **non orientable**. Tout comme il possède une seule face, le ruban de Möbius est pourvu d'un seul bord. Vous pouvez le vérifier en faisant courir la pointe d'un feutre sur le bord, jusqu'à rejoindre le point de départ. Le bord des deux faces de la bande sera coloré en une seule boucle continue.

Les formes à un seul côté sont importantes en mathématiques. Le ruban de Möbius en est l'exemple type : il est contenu dans toutes les surfaces non orientables possibles.

Les tapis roulants et les rubans de machine à écrire ont été construits sur le modèle du ruban de Möbius, pour mieux utiliser la surface des « deux côtés » de la bande.

La bouteille de Klein

Cette image est l'œuvre de Charles Trevelyan, qui a rendu la bouteille partiellement transparente pour que l'on puisse apprécier pleinement sa forme.

La bouteille de Klein possède un seul côté et ne contient aucun volume. Elle ne peut pas exister dans un espace à trois dimensions, car une quatrième dimension est nécessaire pour que son col passe à travers sa paroi sans l'intersecter.

2.6 Axiomes géométriques d'Euclide

Le mathématicien grec Euclide d'Alexandrie est le père de la géométrie.

Les Grecs de l'Antiquité étaient passionnés de géométrie. Ils ne se contentaient pas de tracer des figures, ils s'attachaient également à prouver les résultats de leurs recherches, comme le théorème de Pythagore. La seule manière de démontrer une chose consiste à la déduire logiquement de faits élémentaires dont on est absolument sûr. C'est pourquoi Euclide (environ 300 avant J.-C.) a établi cinq **axiomes** géométriques (voir ci-contre) :

- **1** Il existe toujours une droite qui passe par deux points du plan, peu importe leur position dans celui-ci.
- **2** Tout segment peut avoir la longueur que l'on souhaite.
- **3** À partir d'un point *P* et d'un segment de ligne *l* commençant à *P*, on peut tracer un cercle dont le centre est *P* et le rayon *l*.
- **4** Tous les angles droits sont égaux entre eux (pour Euclide, un angle droit était construit d'une manière particulière ; le postulat affirme que tous les angles suivant cette construction sont égaux).
- **5** Le cinquième axiome est difficile à exprimer en termes simples, mais revient à dire que la somme des angles d'un triangle est égale à 180 degrés.

Euclide a publié ses axiomes dans les *Éléments*, l'un des plus anciens traités de géométrie et l'un des livres les plus lus de l'histoire. Seule la Bible compterait plus d'éditions.

D'aucuns prétendent qu'Euclide n'a jamais existé et que les *Éléments* ont été écrits par plusieurs mathématiciens différents.

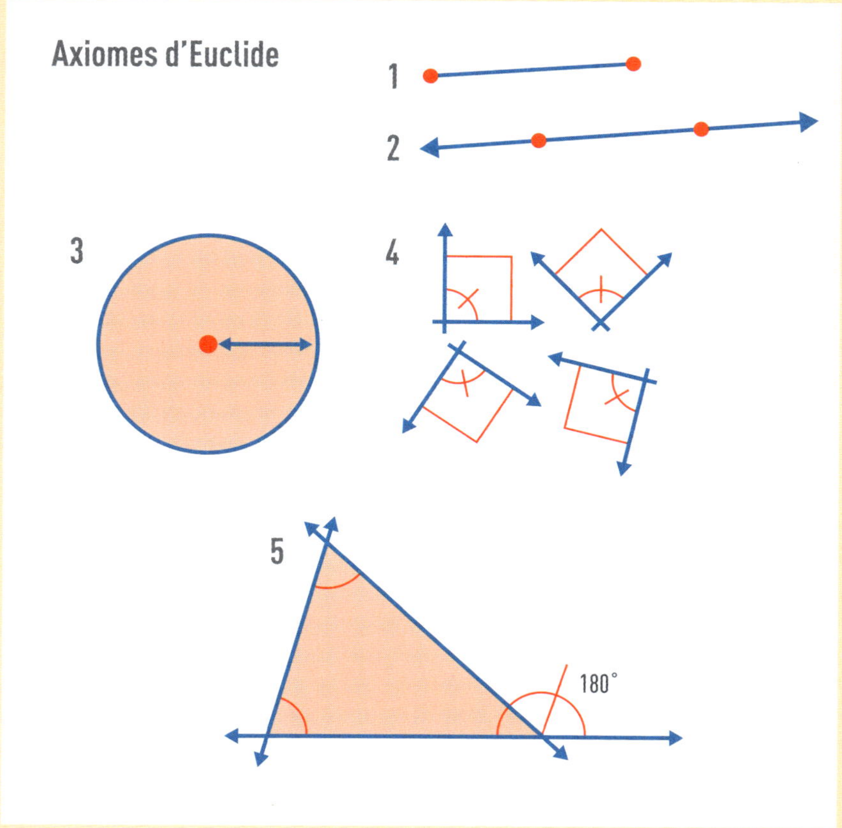

Grâce à ces cinq postulats, Euclide a pu prouver des résultats mathématiques à l'aide de constructions géométriques.

2.7 Géométrie hyperbolique

En tentant, en vain, de démontrer le cinquième axiome d'Euclide, les mathématiciens ont inventé un nouveau type de géométrie.

Lorsque le mathématicien János Bolyai (1802-1860) tenta d'apporter la preuve que le cinquième axiome d'Euclide était vrai, il reçut une lettre de son père, Farkas Bolyai (1775-1856) le suppliant d'abandonner sa quête.

Ce postulat (voir 2.6) stipule que la somme des angles d'un triangle est toujours égale à 180 degrés. Le père de János Bolyai craignait que l'immensité de la tâche à accomplir « puisse absorber tout ton temps, mettre en danger ta santé, ta tranquillité d'esprit et ton bonheur ». Peut-être avait-il raison.

L'axiome ne vaut que si les triangles sont tracés sur une surface plane. En effet, un triangle dessiné sur une sphère présente des renflements sur l'extérieur et la somme des angles est donc supérieure à 180 degrés (les côtés du triangle sphérique sont analogues à des lignes droites, à savoir la distance la plus courte entre deux points). Existe-t-il une surface sur laquelle la somme des angles d'un triangle est inférieure à 180 degrés ? La réponse est oui, cette surface aurait la forme d'une selle.

Dans leur quête d'une preuve du cinquième axiome d'Euclide, les mathématiciens ont fini par inventer la **géométrie hyperbolique**, dans laquelle le cinquième postulat est faux.

Les triangles dans le **plan hyperbolique** possèdent toujours des angles dont la somme est inférieure à 180 degrés.

La géométrie hyperbolique est un ingrédient important de la théorie de la relativité restreinte d'Einstein.

Le plan hyperbolique

Cette image présente l'intégralité du plan hyperbolique. En raison de la distorsion, les tuiles semblent plus petites sur le bord du cercle, mais en réalité elles ont toutes la même taille.

Il est impossible de représenter le plan hyperbolique sur une feuille de papier sans distorsion.

2.8 Topologie

La géométrie est très précise, alors que son domaine cousin, la topologie, est généralement plus souple.

En topologie, deux formes sont considérées comme identiques si l'une peut être transformée en l'autre sans être coupée, déchirée ni collée. Un exemple de ce principe implique une tasse de café et un beignet : la tasse est en matériau élastique, il est possible de la déformer pour qu'elle prenne la forme d'un beignet, en transformant le trou formé par la poignée en orifice au centre du beignet.

Le fait de déformer, de comprimer et d'étirer des formes peut s'avérer utile. Prenons l'exemple du plan du métro de Londres. Sur le plan géographique, c'est une aberration : les distances entre les stations sont erronées et toutes les lignes sont droites, qu'elles soient verticales, horizontales ou à un angle de 45 degrés.

Une représentation précise sur le plan géographique serait un enchevêtrement de lignes, avec un amas de stations dans le centre. Elle devrait également être immense, pour pouvoir représenter les stations les plus éloignées du centre du réseau. Les lignes de métro ne sont pas droites, mais elles s'entrecroisent de façon confuse dans la ville.

C'est un employé du métro de Londres, Harry Beck (1902-1974), qui s'est rendu compte, en 1933, que la mise en forme du plan pouvait être améliorée, en se concentrant uniquement sur les connexions entre les lignes. Son plan topologique est devenu une image culte.

En topologie, même une pomme de terre bosselée constitue une sphère parfaite.

Une transformation en douceur

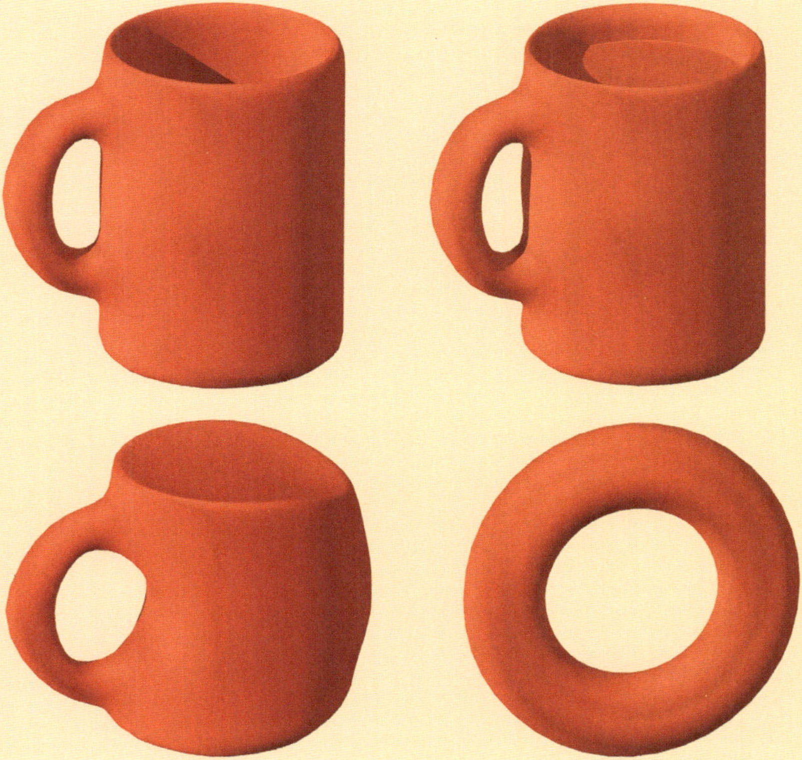

Dans cet exemple, la tasse et le beignet sont considérés comme la même forme en termes de topologie, car la première peut devenir la deuxième sans aucune découpe.

2.9 Dimensions supérieures

L'idée de dimensions supérieures peut impressionner, mais en fait la plupart d'entre nous y sommes déjà habitués.

Lorsque vous donnez rendez-vous à un ami dans un immeuble, vous devez lui communiquer quatre informations : le nom de la rue, le numéro du bâtiment, l'étage et l'heure à laquelle vous souhaitez le retrouver.

Les mathématiciens appellent ces informations des **coordonnées** ; elles définissent un espace à quatre dimensions. Un espace à cinq dimensions est défini par un ensemble de cinq coordonnées, un espace à six dimensions par un ensemble de six coordonnées, et ainsi de suite. Par conséquent, pour penser en termes de dimensions supérieures, les mathématiciens raisonnent simplement en termes de coordonnées plus nombreuses.

De nombreux concepts familiers peuvent être étendus à des espaces dimensionnels supérieurs. Par exemple, un cercle est un ensemble de points en deux dimensions situés à la même distance par rapport au centre. Une sphère est un ensemble de points en trois dimensions tous situés à la même distance du centre, et une hypersphère est un ensemble de points en quatre dimensions ou plus, tous situés à la même distance du centre (l'idée de distance en quatre dimensions et plus est simplement une extension de celle que nous utilisons généralement). La définition est identique dans les espaces à deux, trois, quatre dimensions ou plus. Seul change le nombre de coordonnées nécessaires pour décrire les emplacements des points dans chaque espace.

Plutôt que d'avoir une enveloppe composée de six faces carrées, comme un cube, le tesseract, ou hypercube, possède huit faces.

Vers la quatrième dimension

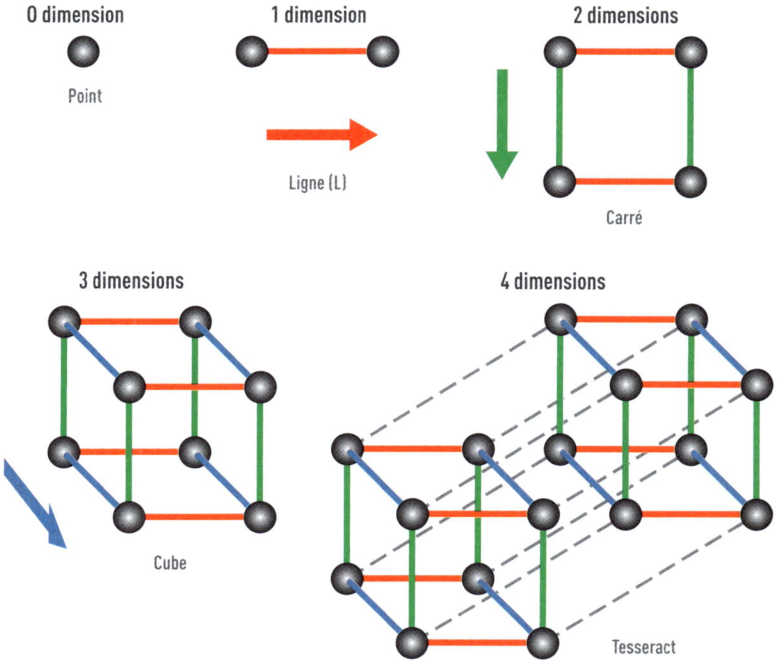

Un carré commence par un segment de ligne de longueur L, rallongé sur une distance L pour former un carré. Un cube étend un carré à deux dimensions en une troisième dimension, et un tesseract étend un cube à trois dimensions en une quatrième.

2.10 La conjecture de Poincaré

En topologie, une sphère n'a pas besoin d'être parfaitement ronde. Il est possible de lui donner n'importe quelle forme ; tant qu'on ne l'explose pas, elle reste une sphère.

Qu'est-ce qui définit une sphère topologique, si ce n'est sa rondeur ? L'une des réponses vient des boucles. Toute boucle tracée sur une sphère peut, en théorie, être resserrée pour ne former qu'un point. Tel n'est pas le cas de l'anneau : si la boucle s'enroule autour de son orifice, il est impossible de la serrer sans la couper. Le fait que les boucles puissent être resserrées jusqu'à devenir des points sans être coupées est ce qui différencie la sphère topologique d'autres surfaces de la même famille.

Si cela est vrai pour une sphère à deux dimensions dans un espace à trois dimensions, en va-t-il de même pour une sphère en trois dimensions dans un espace en quatre dimensions ? Même s'il est impossible de visualiser une telle forme, il est possible de la décrire (ainsi que sa capacité à resserrer les boucles) sur le plan mathématique. Au début du xxe siècle, le mathématicien français Henri Poincaré (1854-1912) a affirmé qu'un analogue du résultat du resserrement de la boucle fonctionne également pour une sphère en trois dimensions.

Cependant, ni Poincaré ni d'innombrables mathématiciens après lui n'ont pu prouver cette conjecture, ce qui l'a rendue célèbre. Elle ne fut démontrée qu'un siècle plus tard, par le mathématicien russe Grigori Perelman (né en 1966) dans une série de publications en ligne. Il se vit accorder divers prix et honneurs, mais les refusa tous, preuve s'il en est que tout le monde n'est pas motivé par la célébrité ou l'argent.

En 2000, l'institut Clay a offert une récompense d'un million de dollars à quiconque résoudrait la conjecture de Poincaré.

Des boucles qui se resserrent

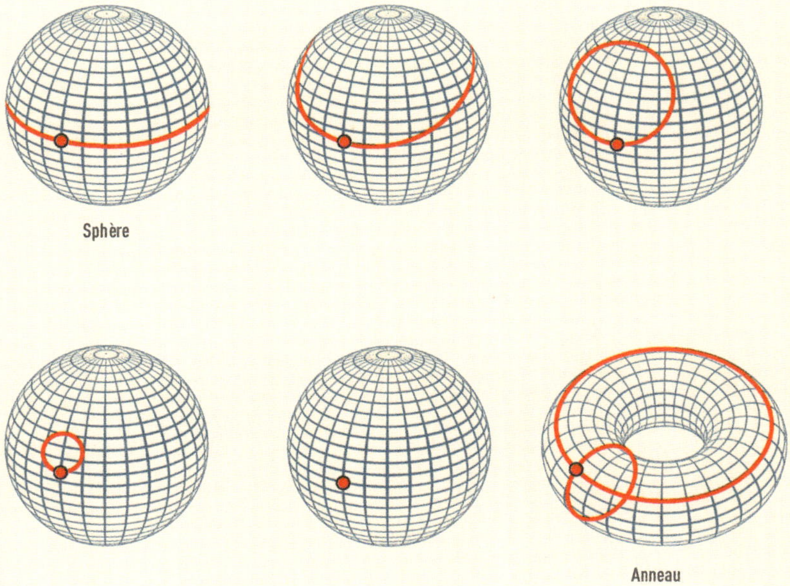

La boucle rouge entourant la sphère peut être resserrée de sorte à former un point. La boucle qui passe par l'orifice de l'anneau ne peut pas être resserrée.

3

ÉQUATIONS

Pour un grand nombre d'entre nous, le premier contact avec les équations représente le premier pas dans le monde de l'abstraction. Ceci étant dit, l'algèbre, comme est appelé l'art de travailler avec des symboles, est simplement un langage, qui plus est très pratique. Essayez d'exprimer une équation avec des mots (sans vous contenter de lire les symboles) et vous comprendrez pourquoi.

Ce chapitre présente les composants élémentaires des équations mathématiques. Nous découvrirons comment des équations sont associées à certaines des figures géométriques que nous connaissons et comment certaines peuvent être résolues alors que d'autres non. Nous verrons également qu'à une époque, des duels mathématiques acharnés ont été livrés pour trouver leurs solutions. Puis nous ferons la connaissance de quelques équations spéciales et de l'un des problèmes les plus ardus de l'histoire des mathématiques : le dernier théorème de Fermat.

Avant de commencer, voici un magnifique exemple d'une équation formulée avec des mots. Il s'agit d'un problème tiré d'un manuel de mathématiques du XIIe siècle intitulé *Lilavati*, du mathématicien indien Baskara II.

« Dans un troupeau d'éléphants, la moitié est ensemble, un tiers de cette moitié se promène dans une forêt ; un sixième est ensemble, dont un septième s'abreuve dans une rivière ; un huitième du groupe est ensemble, dont un neuvième joue avec des lotus. Le chef du troupeau a été aperçu avec trois femelles. Combien d'individus forment le troupeau ? »

Traduit en une équation et quelque peu simplifié, cela donne $0{,}996x + 4 = x$.

Sommaire

3.1 Variables et constantes

La puissance de l'abstraction matérialisée par quelques symboles sympathiques.

Si vous gagnez x € par mois, combien percevez-vous en une année ? La réponse est $12x$. La formule de calcul de votre revenu annuel y est la suivante : $y = 12x$.

Cet exemple est une **équation**. Le symbole x est appelé « **variable** » car, en théorie, il peut représenter n'importe quel nombre. Le symbole y est une **variable dépendante**, car sa valeur dépend de x. Et le nombre 12 est une **constante**, car il ne change pas.

L'utilisation de symboles pour représenter des nombres est caractéristique de l'algèbre. Si nous souhaitions une équation plus générale, nous pourrions également faire appel à un symbole, par exemple a, pour désigner la constante 12. L'équation $y = ax$ exprimerait alors n'importe quel cas dans lequel une variable y est égale à un nombre fixe (en l'occurrence a) multiplié par une autre variable, x, que celle-ci corresponde à votre salaire ou, par exemple, au prix d'un hamburger.

L'algèbre fait partie de notre quotidien mais, en son temps, cette incursion dans le monde de l'abstraction a constitué une grande avancée dans le développement des mathématiques. L'adoption de symboles n'a toutefois été véritablement effective en mathématiques qu'au XVe siècle. Jusqu'à cette époque, les équations étaient exprimées avec des mots, ce qui pouvait s'avérer laborieux.

Le mot « algèbre » vient de l'arabe *al-jabr*, qui signifie « restauration ».

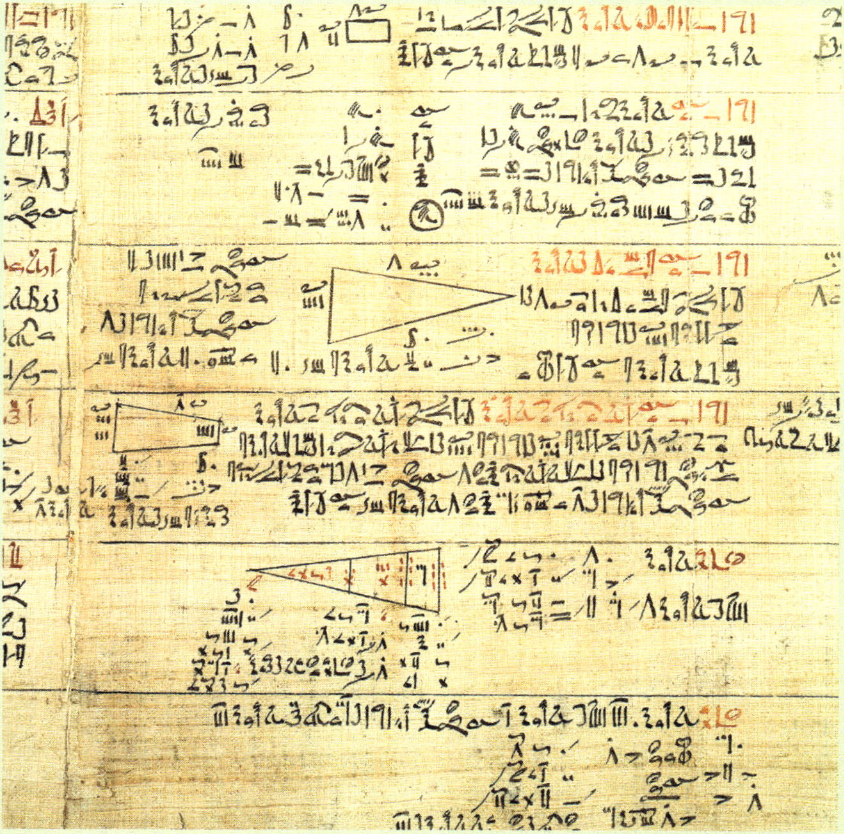

L'un des premiers exemples d'abstraction algébrique est illustré par le papyrus de Rhind, long de 5,5 mètres, publié en Égypte aux environs de 1650 avant J.-C. Il est conservé au British Museum de Londres.

3.2 Coordonnées cartésiennes

Nous pensons souvent à l'algèbre et à la géométrie comme étant deux domaines bien distincts des mathématiques, alors qu'en fait ils sont étroitement liés.

L'équation $x^2 + y^2 = 2^2$ définit un cercle dont le centre est (0,0) et le rayon 2.

Un jour, le mathématicien René Descartes (1596–1650) était allongé sur son lit et observait une mouche sur le mur (selon la légende, en tout cas). Il se demanda comment il pourrait décrire la position de la mouche et inventa ce que nous appelons maintenant les **coordonnées cartésiennes**.

Pour préciser un point sur un plan (par exemple, la localisation de la mouche), il faut dans un premier temps dessiner deux axes perpendiculaires se croisant en un point appelé *O*. Chaque point est alors défini par deux coordonnées : la première indique sa distance horizontale par rapport à *O*, et la deuxième, sa distance verticale par rapport à *O*. La première coordonnée est généralement appelée coordonnée en x (sur l'axe des abscisses) et la seconde, coordonnée en y (sur l'axe des ordonnées).

Qu'en est-il du lien avec l'algèbre ? Prenons l'équation $y = 2x$. Observons tous les points dont les coordonnées (x, y) correspondent à cette équation. En d'autres termes, recherchons les points dont les coordonnées prennent la forme $(x, 2x)$. C'est le cas des points (0,0), (1,2) et (2,4).

Une recherche plus poussée révèle que les points dont les coordonnées correspondent à cette équation se trouvent tous sur une ligne droite qui relie (0,0), (1,2) et (2,4). En fait, l'équation définit exactement cette ligne.

Le système de coordonnées cartésiennes

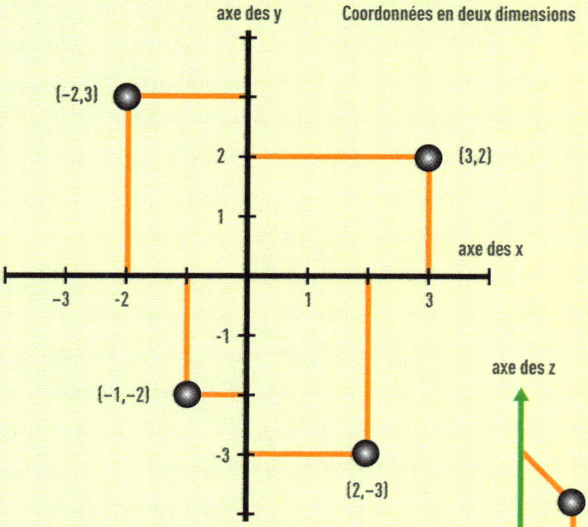

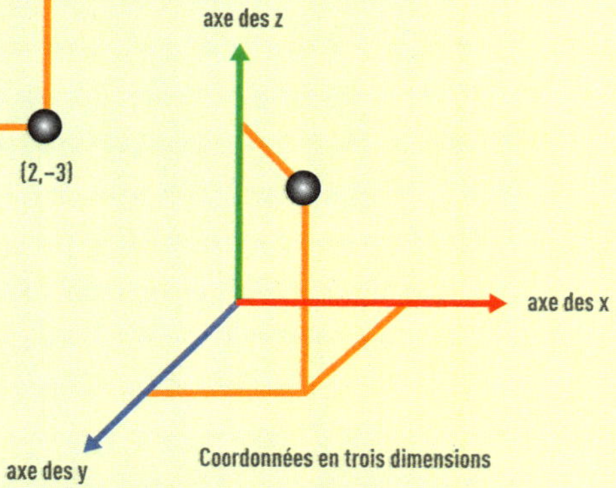

Les diagrammes ci-dessus présentent des coordonnées en deux et trois dimensions. Le lien entre algèbre et géométrie permet aux mathématiciens de résoudre des problèmes d'algèbre en utilisant la géométrie et inversement.

3.3 Équations quadratiques

Dans les équations quadratiques, la puissance la plus élevée de la variable est 2. Ces équations trouvent leur utilité dans de nombreux contextes.

La taille d'un champ carré dont les côtés mesurent x mètres de long est x^2. Dans une **équation quadratique** (ou **équation du second degré**), de plus faibles puissances de x peuvent également exister. Par exemple, la taille d'un autre champ, dont un côté mesure 2 mètres de plus que l'autre, est exprimée sous la forme :

$$x(x + 2) = x^2 + 2x$$

En règle générale, une équation quadratique peut s'écrire de la manière suivante :

$$y = ax^2 + bx + c$$

x étant la variable qui change ; a, b et c étant les coefficients, et la valeur de y dépendant de la valeur de x. Un graphique représentant les valeurs de y pour différentes valeurs de x (voir 3.2) prend une forme appelée **parabole**.

Les paraboles ont une propriété fascinante : toute ligne les frappant parallèlement à leur axe central est réfléchie par la courbe de la parabole et passe par un point situé sur leur axe central (voir ci-contre). Ce point est le **foyer**. C'est la raison pour laquelle la courbe d'une antenne satellite, si l'on coupe celle-ci en deux, a la forme d'une parabole. L'antenne est inclinée à un angle qui permet aux ondes radio qu'elle capte d'entrer dans l'antenne parallèlement à l'axe central. Elles sont ensuite réfléchies de la surface de l'antenne et passent par le foyer, où se trouve le récepteur du signal.

L'ampoule du phare d'une voiture se trouve dans le foyer d'un miroir parabolique.

Antenne parabolique

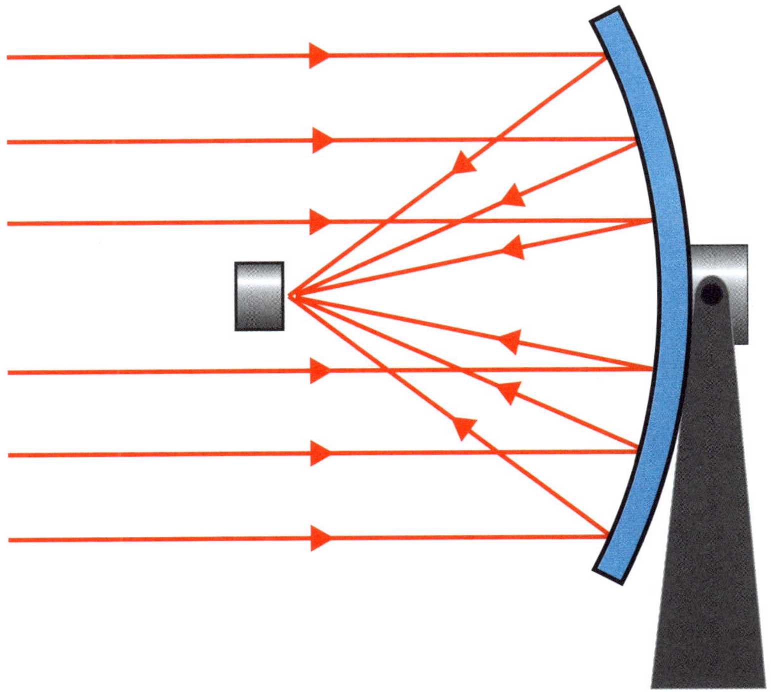

Qu'ont en commun le trajet d'une balle à travers l'air, l'arc gracieux de l'eau jaillissant d'une fontaine et la forme d'une antenne satellite ? Tous peuvent être décrits grâce à une équation quadratique.

3.4 Équations du troisième degré

Au XVIe siècle, les mathématiciens se provoquaient en duel, avec pour armes les techniques mathématiques permettant de résoudre des équations. L'un de leurs défis préférés était la résolution d'équations du troisième degré.

L'ouvrage *Ars Magna* contenait le premier exemple de calcul avec la racine carrée d'un nombre négatif (voir 1.9).

Dans les **équations du troisième degré**, la puissance la plus élevée de la variable x est 3, par exemple, $x^3 + 2x - 33 = 0$, dont la solution est $x = 3$.

On peut penser que la résolution de cette équation est relativement facile, car nous avons tous appris la règle de calcul des équations quadratiques à l'école (voir 3.3). La valeur de x dans une équation du second degré, exprimée sous la forme $ax^2 + bx + c = 0$, est la suivante :

$$x = \frac{-b \pm \sqrt{b^2 - 4ac}}{2a}$$

Cette règle, appelée **formule quadratique**, existe depuis au moins l'an 628, mais, pendant longtemps, aucune règle générale pour les équations du troisième degré ne fut trouvée. Quiconque découvrait une technique de résolution d'un type d'équation du troisième degré en conservait jalousement le secret. Ainsi, certains mathématiciens ont mis au point une méthode de résolution des équations du troisième degré, de type $x^3 + bx + c = 0$, mais refusaient de la partager.

Le mathématicien italien Jérôme Cardan (1501-1576) mit fin à cette pratique. Il tenait la méthode de résolution d'**équations du troisième degré** de deux sources différentes dont l'une, Niccolo Fontana Tartaglia, lui avait fait jurer le secret. Cardan la publia dans son œuvre majeure, *Ars Magna* (*Le Grand Art*) et l'utilisa pour trouver une solution générale permettant de résoudre toutes les équations du troisième degré.

Équations dépréciées du troisième degré

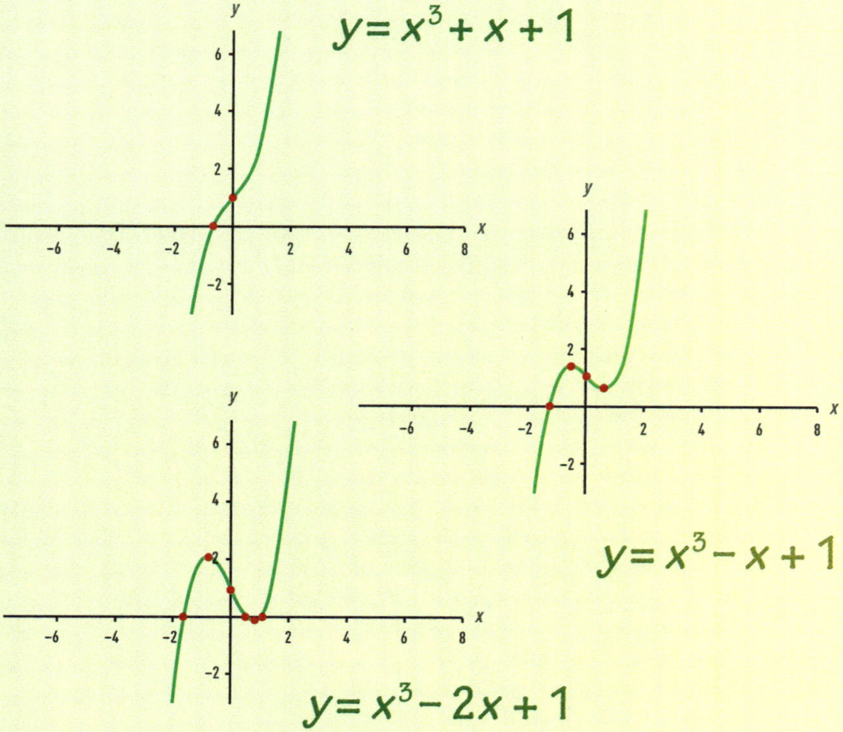

Ces trois graphiques sont des exemples d'équations du troisième degré d'un certain type (sans puissance) élevée au carré. La méthode de résolution de ce type d'équations a été mise au point indépendamment par Scipione del Ferro (1465–1526) et Niccolo Fontana Tartaglia (v. 1500–1557).

3.5 Équations quintiques

La recherche d'une solution aux équations quintiques, qui a impliqué le travail de deux mathématiciens décédés très jeunes, a donné naissance à la symétrie.

À quoi correspond x si $x^5 = 32$? La réponse est $x = 2$. Cela montre qu'il est tout à fait possible de résoudre une **équation quintique**, dans laquelle la puissance la plus élevée de x est 5.

La question consiste à savoir s'il existe une **solution générale**, une formule similaire à la formule quadratique, qui donnerait la solution de n'importe quelle équation quintique. Peut-être serez-vous surpris d'apprendre que la réponse est non. Cela fut prouvé en 1824 par Niels Henrik Abel (1802–1829), un mathématicien norvégien âgé de 22 ans à l'époque. Il mourut cinq ans plus tard dans le dénuement le plus complet, d'une tuberculose.

Peu de temps après, le Français Évariste Galois (1811–1832) décida à son tour de tenter de comprendre pourquoi une équation quintique n'admet pas de solution générale. Il remarqua qu'une certaine symétrie est toujours impliquée dans les équations. Elle est perceptible dans le fait que si x est une solution de $x^5 = 32$, alors $-x$ est une solution de $x^5 = -32$. C'est comme si x et $-x$ étaient en miroir.

Galois élabora par la suite une théorie relative à la symétrie (voir 7.1), qui expliquait pourquoi il n'existe pas de solution générale à l'équation quintique. Malheureusement, il connut également une fin tragique : il fut tué en duel en 1832, à l'âge de 20 ans.

Le travail de Galois constitua le socle d'une théorie des groupes, un des piliers du monde des mathématiques.

Une symétrie parfaite

$$ax^5 + bx^4 + cx^3 + dx^2 + ex^2 + fx + e$$

La formule générale d'une équation quintique.

Galois posa les fondations de la théorie des groupes, l'étude mathématique de la symétrie. Elle possède de nombreuses applications en physique, une discipline dans laquelle les équations sous-jacentes sont souvent supposées présenter des symétries.

3.6 Équations polynomiales

Les expressions composées de multiples de puissances d'une variable additionnés ou soustraits les uns des autres sont appelées polynomiales.

Voici des exemples d'**équations polynomiales** :

$x^4 + 2x^3 - 3x^2 + 4x + 5$

$2x^{10} - 10x^5 + 7x^3 + 9x^2 + 4x + 17$

La résolution de ces équations n'est pas toujours une tâche aisée (voir 3.5), et pourtant elles possèdent une propriété utile : d'autres expressions mathématiques peuvent en être dérivées. Par exemple, en trigonométrie (voir 2.4), le cosinus de x, $\cos(x)$, peut s'écrire sous la forme suivante :

$$\cos(x) = 1 - \frac{x^2}{2!} + \frac{x^4}{4!} - \frac{x^6}{6!} + \ldots$$

Cette expression polynomiale infiniment longue est une **série de puissances**, dotée d'un magnifique motif. Une expression complémentaire fonctionne pour le sinus de x, $\sin(x)$.

Il existe des équations polynomiales infinies pour de nombreuses expressions, qui sont utiles dans divers contextes mathématiques. Par exemple, si vous devez calculer le $\sin(x)$ ou le $\cos(x)$ d'une valeur quelconque de x, mais que votre calculatrice ne dispose pas de la fonction adéquate, vous pouvez approcher la réponse en calculant les premiers termes de la série de puissances.

Pour un nombre n, le produit $n \times (n - 1) \times (n - 2) \times (n - 3) \times \ldots \times 2 \times 1$ est appelé factorielle n et abrégé en $n!$ (voir ci-contre).

Graphique polynomial

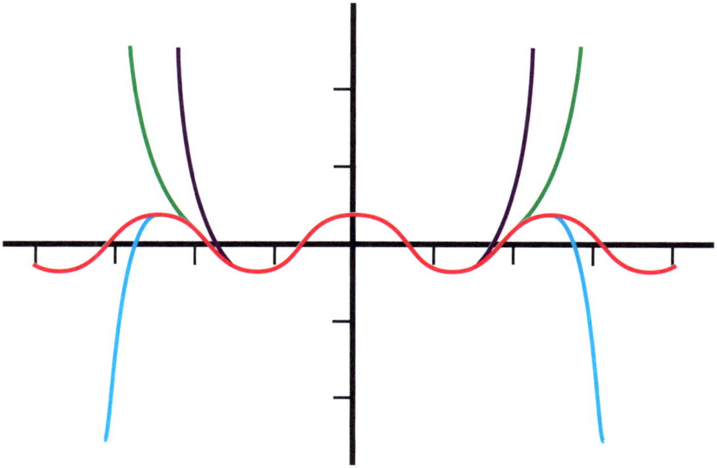

$$f(x) = 1 - \frac{x^2}{2!} + \frac{x^4}{4!} - \frac{x^6}{6!} + \frac{x^8}{8!}$$

$$f(x) = 1 - \frac{x^2}{2!} + \frac{x^4}{4!} - \frac{x^6}{6!} + \frac{x^8}{8!} - \frac{x^{10}}{10!} + \frac{x^{12}}{12!}$$

$$f(x) = 1 - \frac{x^2}{2!} + \frac{x^4}{4!} - \frac{x^6}{6!} + \frac{x^8}{8!} - \frac{x^{10}}{10!} + \frac{x^{12}}{12!} - \frac{x^{14}}{14!}$$

La courbe rouge représente cos(*x*). Les autres courbes représentent l'approximation de cos(*x*) avec les premiers termes de la série de puissances.

3.7 Lois des puissances

Étonnamment, de nombreux phénomènes dans le monde, qu'ils soient naturels ou créés par l'homme, sont décrits par un type particulier d'équations.

Ces équations ont la forme suivante :

$y = 1/x$

$y = 1/x^2$

$y = 1/x^3$

et ainsi de suite. Chaque fois qu'une variable y varie proportionnellement à $1/x^k$, pour un nombre k donné, on dit qu'elle suit une **loi de puissance**.

Parmi les exemples de processus soumis aux **lois des puissances**, citons les réseaux, qu'il s'agisse d'un réseau d'amis, d'Internet, d'un réseau électrique ou d'un réseau de transports. Dans ces réseaux, chaque nœud (par exemple, une personne) est relié à d'autres nœuds (ses amis). Si l'on compte le nombre y de nœuds reliés à exactement x autres nœuds, on se rend compte que, souvent, la relation entre x et y est similaire à $y = 1/x^k$, où k est généralement un petit chiffre, entre 2 et 4.

Cette universalité des lois des puissances peut sembler surprenante, mais les mathématiciens ont démontré qu'elle peut être la conséquence du mécanisme selon lequel « les riches s'enrichissent ». Si l'on part du principe qu'un réseau s'agrandit grâce à l'ajout de nouveaux nœuds qui choisissent de se connecter à des nœuds dotés de nombreuses relations, une relation du type $y = 1/x^k$ émerge tout naturellement.

Les séismes sont soumis à une loi des puissances, dans laquelle *y* est le nombre de tremblements de terre de magnitude *x*.

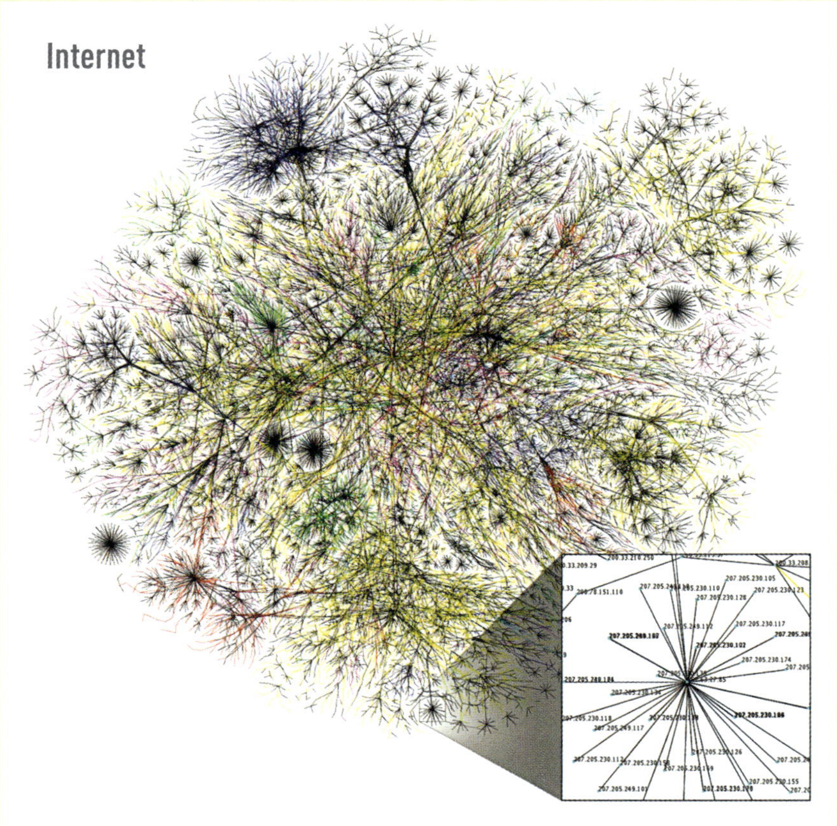

De nombreux réseaux présentent des caractéristiques similaires, notamment le comportement de la loi des puissances pour la répartition des liens. Cette image illustre une partie d'Internet, d'après des données datant de 2005.

3.8 Intérêt composé et *e*

Être endetté n'est pas une partie de plaisir, mais il est intéressant de savoir que l'un des nombres les plus importants en mathématiques, *e*, se cache derrière le calcul des intérêts.

Supposons que vous empruntiez 100 € à un taux d'intérêt annuel de 100 % (même si c'est totalement irréaliste). Si la banque calcule le montant total dû à la fin de la première année, vous lui devez le montant initial, 100 €, plus le montant de l'intérêt, 100 €. Et si la banque décide de calculer les intérêts par trimestre, en utilisant un quart du taux d'intérêt à chaque fois, combien lui devez-vous ?

Après les trois premiers mois, vous devez :
$100 + \frac{1}{4} \times 100 = 100 \times (1 + \frac{1}{4}) = 125$ £.

Après six mois vous devez :
$100 \times (1 + \frac{1}{4}) + \frac{1}{4} \times (100 \times (1+ \frac{1}{4})) = 100 \times (1 + \frac{1}{4})^2 = 156{,}25$ €.

Et après une année : $100 \times (1 + \frac{1}{4})^4 = 244{,}14$ €, soit plus de deux fois le montant emprunté.

Si la banque **compose** l'intérêt n fois par an avec $\frac{1}{n}$-ième du taux, la somme totale due augmente d'un facteur de $(1+\frac{1}{n})^n$. Plus le nombre de fois où elle calcule est élevé (autrement dit, plus la valeur de n est grande), plus vous lui devez d'argent.

Heureusement, il existe une limite, *e*. Si vous calculez ce facteur de composition pour des valeurs de plus en plus élevées de n, vous vous rapprochez de plus en plus (sans toutefois jamais la dépasser) d'une valeur de :

e = 2,718281828459045235360287471352662497757247093699995...

Le nombre *e* est souvent utilisé pour réécrire plus simplement des équations complexes décrivant une augmentation.

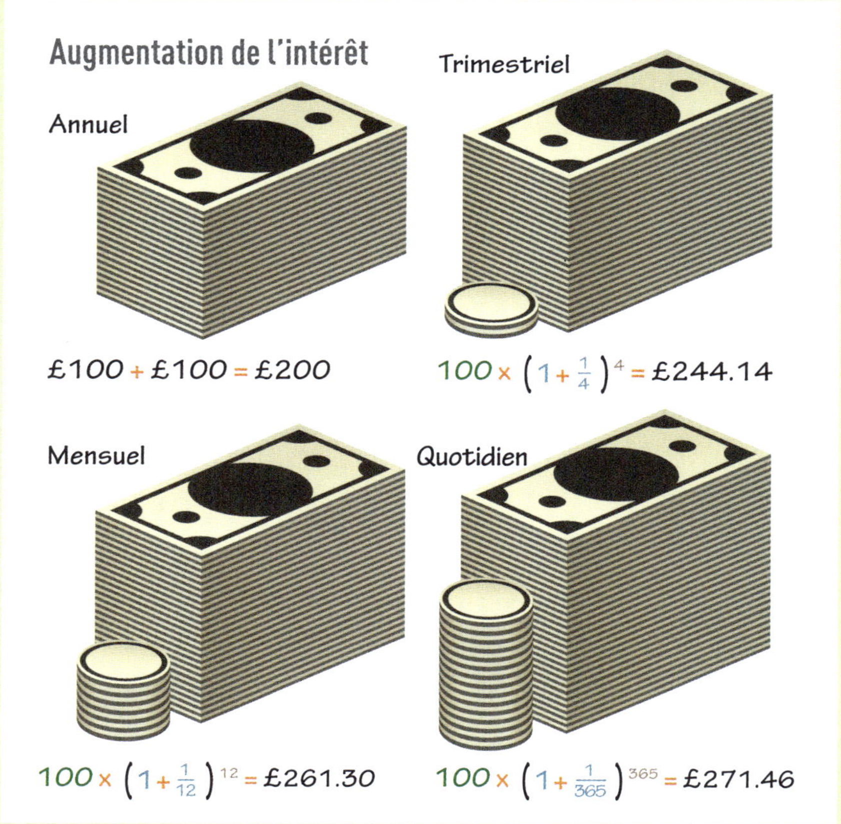

Plus le nombre de fois où l'intérêt est calculé sur une année augmente, plus la somme que vous devez est élevée. Cette augmentation, ou composition, de l'intérêt constitue l'inconvénient de la dette, mais aussi l'avantage de l'épargne.

3.9 Identité d'Euler

Si vous demandez à un mathématicien quelle est la plus belle équation mathématique, il vous répondra probablement que c'est l'identité d'Euler.

Voici l'**identité d'Euler** :

$e^{i\pi} + 1 = 0$

Pourquoi est-elle belle ? D'une part, cette équation contient des nombres mathématiques importants : *e*, qui représente la croissance ; *i*, la racine carrée de -1, au cœur des nombres complexes ; π, issu des cercles et de la géométrie ; et enfin 0 et 1, qui sont les pierres angulaires de notre système de numération.

Une autre raison est la simplicité de cette équation. Elle s'appuie sur une formule établie par Leonhard Euler (1707–1783) alors qu'il étudiait la place du nombre *i* dans le reste des mathématiques :

$e^{i\theta} = \sin \theta + i \cos \theta$

Il se trouve qu'un nombre complexe décrit la position d'un point sur le plan, et que les deux côtés de cette équation décrivent le même nombre complexe (voir ci-contre). On obtient le point $e^{i\pi}$ en pivotant l'angle θ jusqu'à 180 degrés (l'équivalent de π en radians, une autre mesure des angles), qui est le point (–1,0). Nous déduisons donc de la formule d'Euler :

$e^{i\pi} = -1 + 0$

Il est facile de modifier cette formule pour trouver l'identité d'Euler.

Ces quelques symboles transmettent élégamment une multitude de connaissances, fruit de plusieurs siècles de travaux mathématiques.

Formule d'Euler

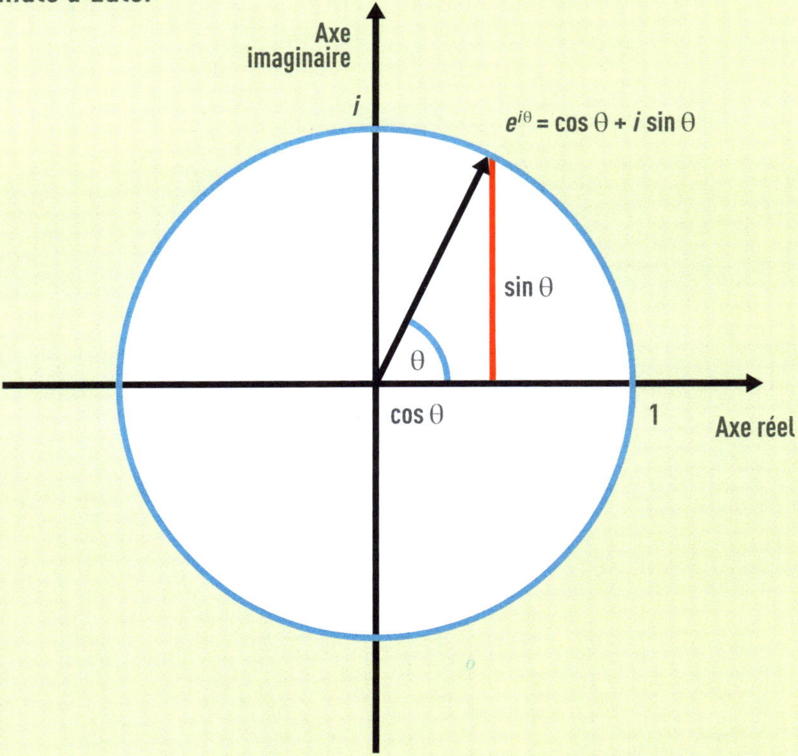

Le côté gauche de la formule d'Euler décrit la position d'un point sous la forme d'une flèche partant de l'origine, d'une longueur 1, qui forme un angle de θ avec l'axe horizontal.
Le côté droit décrit le point à l'aide de coordonnées $(\cos\theta, \sin\theta)$.

3.10 Dernier théorème de Fermat

Le dernier théorème de Fermat, l'un des résultats mathématiques les plus célèbres du siècle dernier, s'appuie sur le modeste triangle rectangle.

Comme l'illustre l'image ci-contre, il existe de nombreux triplets de nombres entiers qui vérifient le théorème de Pythagore. Ces **triplets de Pythagore** ont amené le mathématicien français Pierre de Fermat (1601–1665) à se demander s'il existait des triplets de nombres entiers pour des puissances supérieures à 2, qui correspondraient à :

$a^3 + b^3 = c^3$ ou à $a^4 + b^4 = c^4$ et ainsi de suite.

Il commença à suspecter que la réponse, étonnamment, était négative. Cette conjecture – selon laquelle il n'existait pas de triplets de nombres entiers de ce type pour des puissances supérieures à 2 – est maintenant connue sous le nom de dernier théorème de Fermat.

Fermat nota ses conclusions dans la marge d'un livre, en terminant par la phrase : « J'en ai découvert une démonstration véritablement merveilleuse que cette marge est trop étroite pour contenir. »

Cette remarque hanta les mathématiciens pendant plus de 350 ans, jusqu'à ce que le Britannique Sir Andrew Wiles surprenne le monde entier en dévoilant une preuve en 1993. En fait, il démontra un résultat plus général qui, par voie de conséquence, confirmait le théorème de Fermat. Une fois le résultat annoncé, il fallut encore un an de travail à Wiles et un collègue pour corriger quelques erreurs. La preuve finale, longue de 150 pages, recèle de nouvelles techniques mathématiques qui ont eu un impact important sur la discipline.

Wiles travailla en secret à démontrer le dernier théorème de Fermat pendant sept ans.

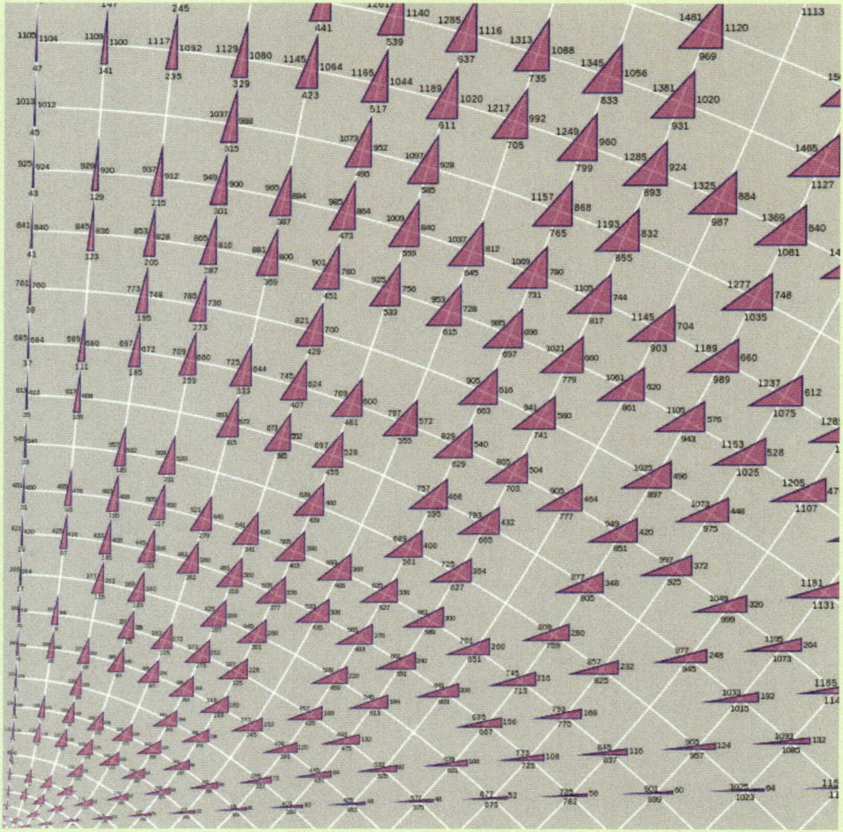

Il existe de nombreux exemples de nombres entiers *a*, *b* et *c* formant les côtés d'un triangle rectangle. Ces ensembles de trois nombres (*a*, *b*, *c*) sont appelés triplets de Pythagore. Il existe une infinité de ces triangles, dont certains exemples sont présentés ci-dessus.

LIMITES

4

Les mathématiciens aiment repousser les limites. Dans la vie, tout comme en mathématique, il est utile de savoir où on va. Ce chapitre explore ce que nous appelons intuitivement une suite d'étapes qui convergent vers une destination finale.

Nous allons découvrir la suite numérique la plus célèbre des maths qui, lorsqu'elle est suivie jusqu'à l'infini, donne un nombre fini qui se manifeste dans tous les éléments de la nature, des spirales des galaxies aux feuilles d'une plante. Ce nombre, appelé nombre d'or, est également connu pour être le nombre le plus irrationnel de tous les nombres irrationnels – un fait révélé lorsqu'il est écrit sous forme de fraction continue. Cette notation des nombres révèle également des propriétés spéciales des nombres rationnels et les motifs cachés dans de nombreux nombres irrationnels.

Les destinations finales des suites infinies s'appellent des limites. Le langage des limites a permis aux mathématiciens de décrire l'une des grandes constantes de la vie : le changement. Le calcul infinitésimal permet de décrire le changement avec précision. Sa découverte fut à l'origine de l'une des controverses mathématiques les plus âpres entre ses deux découvreurs, Isaac Newton et Gottfried Leibniz.

Dans ce chapitre, nous allons également découvrir comment partager un gâteau en une infinité de parts et nous verrons comment un découpage méticuleux du temps peut permettre à une tortue de ne pas perdre une course. Peut-être Newton et Leibniz auraient-ils dû résoudre leur différend autour d'un café et d'un gâteau, ou en organisant une course.

Sommaire

4.1 Fibonacci et ϕ

Une célèbre suite numérique repousse les limites des mathématiques.

Dans la suite suivante, chaque nombre (à partir de 2) est la somme des deux précédents :

1, 1, 2, 3, 5, 8, 13, 21, 34, 55, 89, 144...

La suite a été baptisée d'après le mathématicien italien Fibonacci (v. 1170–v. 1250), qui l'a publiée en 1202. Elle présente une caractéristique très intéressante : une nouvelle suite émerge lorsque l'on divise chaque terme par celui qui le précède :

$1/1$, $2/1$, $3/2$, $5/3$, $8/5$, $13/8$, $21/13$, $34/21$, $55/34$, $89/55$, $144/89$...

Écrite en décimales (arrondies à quatre chiffres après la virgule), elle ressemble à ceci :

1, 2, 1,5, 1,6667, 1,6, 1,6250, 1,6154, 1,6190, 1,6176, 1,6181, 1,6180

En se déplaçant le long de cette nouvelle suite, on s'aperçoit que les nombres semblent toujours avoisiner 1,618. En fait, ils s'approchent d'un nombre très spécial appelé ϕ (*phi*) :

ϕ = 1,618033988..., qui peut également s'écrire

$$\phi = \frac{(1+\sqrt{5})}{2}$$

Le nombre ϕ est associé à de nombreuses figures géométriques et, outre dans la suite de Fibonacci, on le trouve dans des modèles de croissance (des plantes, par exemple). C'est pourquoi c'est l'une des plus célèbres constantes en maths.

ϕ, appelé aussi le nombre d'or, est connu depuis l'Antiquité grecque. C'est le premier exemple d'une limite.

La spirale de Fibonacci

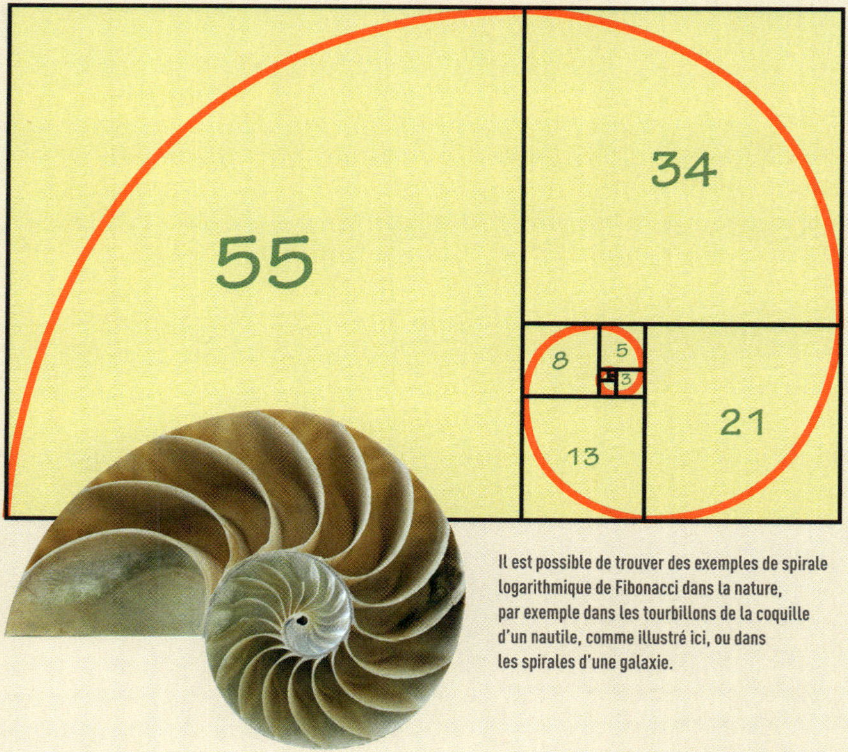

Il est possible de trouver des exemples de spirale logarithmique de Fibonacci dans la nature, par exemple dans les tourbillons de la coquille d'un nautile, comme illustré ici, ou dans les spirales d'une galaxie.

La spirale de Fibonacci est composée d'arcs circulaires reliant des coins opposés de carrés dont la longueur des côtés (les nombres dans les carrés ci-dessus) est donnée par la suite de Fibonacci.

4.2 Limites

De nombreuses suites de nombres approchent une limite, ce qu'elles peuvent faire de différentes façons.

Prenons la suite de nombres suivante :

$\frac{1}{2}, \frac{2}{3}, \frac{3}{4}, \frac{4}{5}, \frac{5}{6}, \frac{6}{7}...$

Lorsque l'on se déplace le long de la suite, les nombres grandissent, mais ne dépassent jamais 1. Cela implique une notion curieuse : les nombres composant une suite peuvent augmenter sans pour autant jamais dépasser une certaine limite. La raison en est que les étapes par lesquelles les nombres augmentent se réduisent de plus en plus et qu'aucune étape n'est suffisamment importante pour dépasser 1. Un comportement similaire est présent dans les suites décroissantes :

$\frac{1}{2}, \frac{1}{3}, \frac{1}{4}, \frac{1}{5}, \frac{1}{6}, \frac{1}{7}...$

Dans ce cas, les nombres sont de plus en plus petits, mais ne tombent jamais sous 0. Il est même possible d'avoir des suites oscillantes qui se comportent de manière similaire, par exemple :

$\frac{1}{2}, -\frac{1}{3}, \frac{1}{4}, -\frac{1}{5}, \frac{1}{6}, -\frac{1}{7}, \frac{1}{8}, -\frac{1}{9}...$

Ici, les nombres augmentent à une étape, mais diminuent à la suivante. Ils ne le font cependant pas de manière aléatoire : tous tendent vers 0.

Cela illustre l'un des concepts les plus importants des mathématiques : les suites peuvent **converger** jusqu'à une certaine **limite**. Cette idée est centrale dans le calcul infinitésimal (voir 4.4), qui est le moteur de diverses applications des maths. Sans les limites, les maths elles-mêmes seraient limitées.

Archimède, célèbre pour avoir crié « Eureka » dans son bain, fut l'un des premiers mathématiciens à utiliser des limites.

Suite oscillante

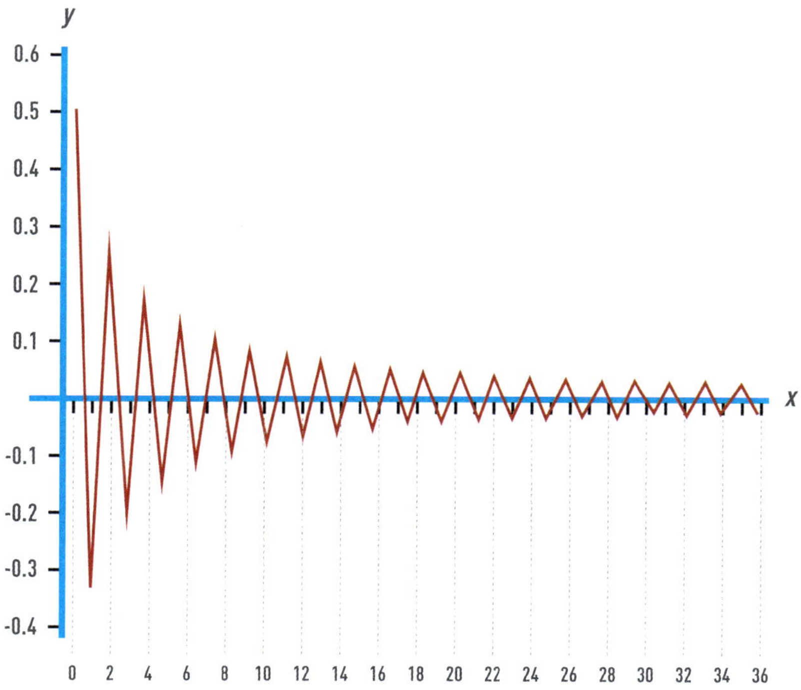

Ce graphique illustre la suite oscillante $\frac{1}{2}$, $-\frac{1}{3}$, $\frac{1}{4}$, $-\frac{1}{5}$...
Les points s'approchent de 0 des deux côtés de l'axe des x sans jamais l'atteindre.

4.3 Définition d'une limite

Lorsque l'on dit qu'une suite de nombres converge vers une limite, tout le monde comprend ce que cela signifie de manière intuitive. Il n'est toutefois pas facile de décrire ce phénomène.

Voici la définition correcte d'une **limite**. N'ayez pas peur, c'est en fait très ingénieux :

« Une suite numérique converge vers une limite x si, étant donné n'importe quel nombre positif ε (la lettre grecque *epsilon*), qui peut être aussi petit que vous le souhaitez, vous pouvez trouver un nombre N, qui peut être très grand, tel que tous les termes de la suite qui suivent le N-ième terme se trouvent, au plus, à une distance ε de x. »

L'idée est la suivante : chaque fois que vous choisissez un nombre ε, qui peut être très petit (par exemple 0,0000001), il y a toujours un nombre dans la suite, appelons-le a, qui se situe à ε de x ou plus près. Cela exprime le fait que les nombres de la suite se rapprochent de manière arbitraire de la limite x. Le nombre N élimine la possibilité qu'après a, la suite s'éloigne à nouveau de x.

Les tentatives de définir une limite d'une autre façon rencontrent des difficultés pour aboutir. C'est grâce à cette définition que le langage mathématique prend tout son sens.

Tous les mathématiciens savent que ε est toujours un nombre très petit.

Approcher une limite

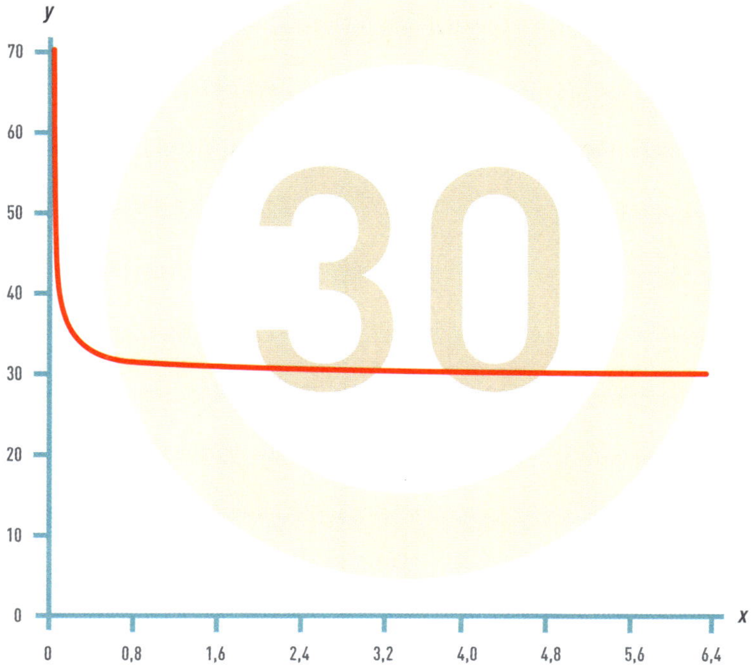

Ce graphique illustre la valeur de la suite $30 + 1/x$ pour $x = 1, 2, 3...$
Il faut atteindre le 10 000 000 € terme pour s'approcher à 0,0000001 de la limite, 30.
Tous les termes après ce point se situent à cette même distance de 30 ou moins.

4.4 Dérivées et calcul infinitésimal

Certains prétendent que la seule constante dans la vie est le changement. Par conséquent, il est vital de comprendre comment les choses changent. Le calcul infinitésimal offre la meilleure manière de décrire cela.

Les dérivées sont omniprésentes dans la vie quotidienne : la vitesse est la dérivée de la distance, l'accélération décrit la dérivée de la vitesse et la puissance est la dérivée du travail : toutes sont mesurées par rapport au temps.

Mesurer ces dérivées consiste à diviser le temps en blocs. Par exemple, un bloc peut couvrir le temps qu'il faut pour monter à une échelle. La dérivée de la distance que vous avez parcourue est simplement la longueur de l'échelle par unité de temps. On peut diviser encore le temps, par échelon. La dérivée de la distance parcourue est alors la longueur entre les échelons, par la nouvelle unité de temps. La dérivée est constante si vous mettez le même temps à gravir chacun des échelons. Cependant, si vous fatiguez et que vous ralentissez, la dérivée de la distance parcourue diminue, même si vous avancez à chaque échelon.

Le **calcul infinitésimal** est le processus de calcul de la dérivée d'une quantité donnée, qui permet aux intervalles de temps de diminuer, devenant **infinitésimaux**, jusqu'à ce que l'on puisse calculer la dérivée à tout instant.

Il est impossible d'effectuer un calcul infinitésimal pour des angles vifs, des interruptions ou des sauts. La quantité doit varier de manière régulière.

Une aire de jeu

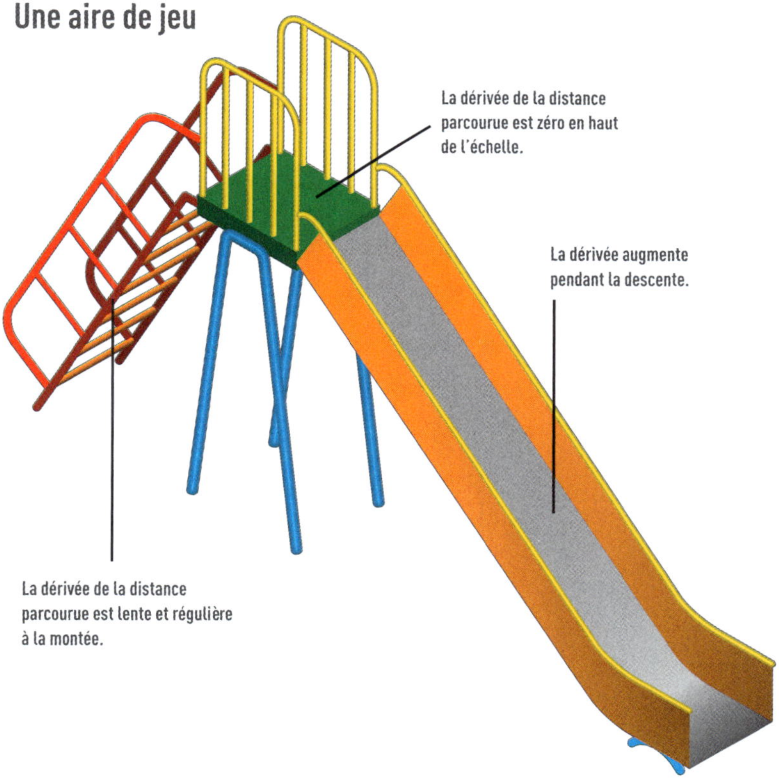

Pour mieux appréhender les joies du calcul infinitésimal, pensez aux divers stades de l'évolution sur un toboggan. D'abord, on monte à l'échelle. Puis on s'arrête un moment en haut, avant de glisser rapidement de l'autre côté.

4.5 Suites géométriques

Comment diviser un gâteau en un nombre infini de parts ? Grâce à une série géométrique.

Le total du gâteau distribué après les *n* premières parts est 1 –$\frac{1}{2}n$.

Lorsque l'on découpe un gâteau comme dans l'illustration ci-contre, chaque personne reçoit une part équivalente à la moitié du morceau donné à la personne précédente. Le premier convive reçoit la moitié du gâteau, le deuxième, la moitié d'une moitié :

$\frac{1}{2} \times \frac{1}{2} = \frac{1}{4} = \frac{1}{2}^2$

et la taille de la part de la n-ième personne est $\frac{1}{2}^n$.

Si nous additionnons la série de tailles de part, nous obtenons une **suite géométrique** :

$\frac{1}{2} + \frac{1}{4} + \frac{1}{8} + \frac{1}{16} + \frac{1}{32} + \ldots + \frac{1}{2}^n + \ldots$

dont le total doit être 1 : le gâteau entier.

Étonnamment, une somme infinie peut avoir un résultat fini. Une suite géométrique est une suite dans laquelle chaque terme est un rapport constant, r, multiplié par le terme précédent. En général, la somme d'une suite géométrique est finie si, et seulement si, le rapport r est strictement inférieur à 1.

Si l'on donne à la première personne la moitié du gâteau, à la deuxième la moitié de ce qui reste, à la suivante encore la moitié de ce qui reste, et ainsi de suite, il restera toujours du gâteau.

4.6 Sommes infinies et convergence

La section précédente suggère que le total d'une somme infinie est égal à 1. Mais qu'entend-on exactement lorsqu'on affirme qu'une somme infinie a une valeur finie ?

Prenons les sommes partielles d'une somme infinie, à savoir les sommes obtenues en ajoutant un terme à chaque fois. La *n*-ième somme partielle de la suite géométrique de la page précédente est la suivante :

$S_n = \frac{1}{2} + \frac{1}{4} + \frac{1}{8} + \frac{1}{16} + \frac{1}{32} + \ldots + \frac{1}{2^n}$

Les sommes partielles forment une série de nombres, S_1, S_2, S_3 et ainsi de suite. Nous savons ce qu'est la convergence d'une suite de nombres (voir 4.2 et 4.3). Si une série de sommes partielles converge vers une limite, nous disons que la somme infinie **converge**.

Bien sûr, pour qu'une somme infinie ait une solution finie, les termes doivent devenir de plus en plus petits, mais cela ne suffit pas toujours. Par exemple, la série **harmonique** suivante :

$1 + \frac{1}{2} + \frac{1}{3} + \frac{1}{4} + \frac{1}{5} + \ldots$

ne converge pas vers une limite finie, même si ses termes individuels, $\frac{1}{n}$, se rapprochent de zéro. C'est parce que les sommes partielles de la série ne convergent pas. En fait, les sommes partielles deviennent infiniment grandes et on dit alors que cette somme est **divergente**.

La série harmonique diverge très lentement. Il faut ajouter plus de 10^{43} termes pour obtenir une somme partielle supérieure à 100 !

Série harmonique

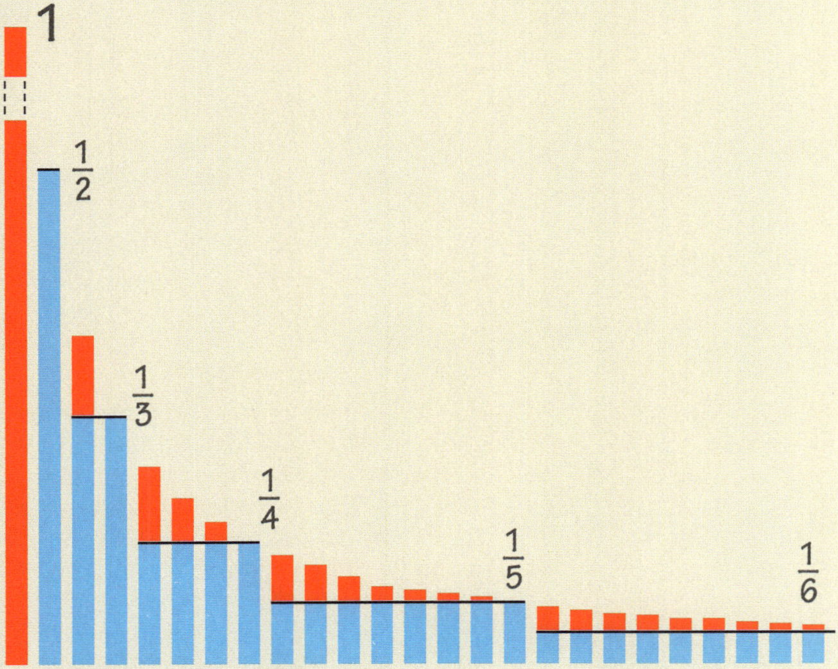

La somme de la série harmonique est divergente.

On peut diviser les termes de la série harmonique en groupes, la somme de chacun étant égale à plus d'une moitié. On le voit ci-dessus, où la somme des barres bleues de chaque groupe correspond exactement à $\frac{1}{2}$. Additionner une infinité de moitiés donne une solution infinie.

4.7 Sommes infinies étranges

Les sommes infinies peuvent se révéler très amusantes.

Prenons la série infinie suivante :

$S = 1 - 1 + 1 - 1 + 1 - 1 + \ldots$

Nous pouvons grouper les termes par paires, ainsi :

$S = (1 - 1) + (1 - 1) + (1 - 1) + \ldots$

Le résultat de chaque parenthèse est : $S = 0 + 0 + 0 + \ldots$

S semble donc être égal à 0. Mais si nous écrivons S ainsi :

$S = 1 + (-1 + 1) + (-1 + 1) + (-1 + 1) + \ldots$

Cela donne $S = 1 + 0 + 0 + 0 + \ldots$, donc S doit être égal à 1.

Il existe par conséquent de bonnes raisons de croire que la somme est égale à la fois à 0 et à 1. Cela est dû au fait que la somme infinie ne converge pas dans le sens habituel présenté au sujet 4.6. Avec ce type de sommes **divergentes**, on peut jouer à toutes sortes de jeux amusants. Les choses deviennent encore plus étranges avec les **séries harmoniques alternées** suivantes :

$1 - \frac{1}{2} + \frac{1}{3} - \frac{1}{4} + \frac{1}{5} - \frac{1}{6} + \ldots$

Il suffit de changer l'ordre des termes pour que cette somme converge (dans le sens général du terme) vers le nombre de votre choix ! Cela montre que les sommes infinies doivent être traitées avec précaution.

Additionnée dans son ordre habituel, la série harmonique oscillante converge vers $ln(2) \approx 0{,}69$.

L'effet Casimir

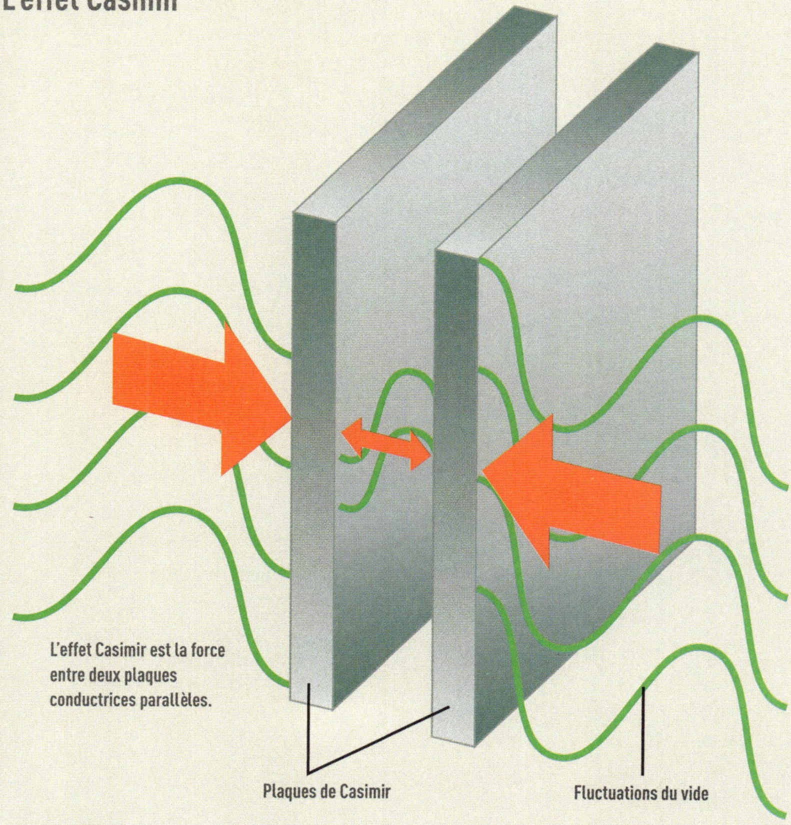

On peut démontrer que 1 + 2 + 3 + 4 + 5 + . . . = –½. Des sommes infinies divergentes comme celle-ci font partie de l'univers de la physique. Le résultat (une somme infinie donnée par une quantité finie) prédit un phénomène appelé effet Casimir. L'expérience confirme cette ruse mathématique.

4.8 Le paradoxe de Zénon

Le philosophe Zénon d'Élée a imaginé un paradoxe qui laisse perplexe encore aujourd'hui : comment une tortue, lente par définition, parvient-elle à battre le guerrier grec Achille ?

Supposons que la course se déroule comme dans l'illustration ci-contre. Après une minute, Achille atteint le point T_0 = 100 m, d'où la tortue est partie. À cet instant, celle-ci a déjà parcouru 1 mètre et se trouve au point T_1 = 101 m. Achille atteint T_1 en 0,01 minute, lorsque la tortue aura parcouru encore 0,01 mètre pour se trouver au point T_2 = 101,01 m, et ainsi de suite.

Chaque fois qu'Achille atteint le dernier point où se trouvait la tortue, celle-ci a poursuivi son chemin et il semble qu'il ne la rattrapera jamais. Nous savons toutefois qu'il doit terminer la course en 1 000/100 = 10 min, alors que la tortue franchira la ligne d'arrivée plus tard, en (1 000 – 100)/1 = 900 min.

La distance parcourue par Achille, selon Zénon, peut s'écrire sous la forme suivante :

$100 + 1 + 0.01 + 0.001 + 0.0001 + \ldots$

Il s'agit d'une **suite géométrique** (voir 4.5). Le rapport de cette suite, r = 0,01, étant inférieur à 1, nous savons que cette somme infinie convergera. En fait, elle converge vers 101,010101..., un point situé à 1,010101... minutes après le début de la course, et le point auquel Achille dépassera la tortue. Zénon divise le temps et la distance en blocs de plus en plus petits, ce qui donne l'impression que ce point n'est jamais atteint.

Dans les faits, Zénon ralentit le temps, de sorte qu'Achille ne dépasse jamais la tortue.

La course

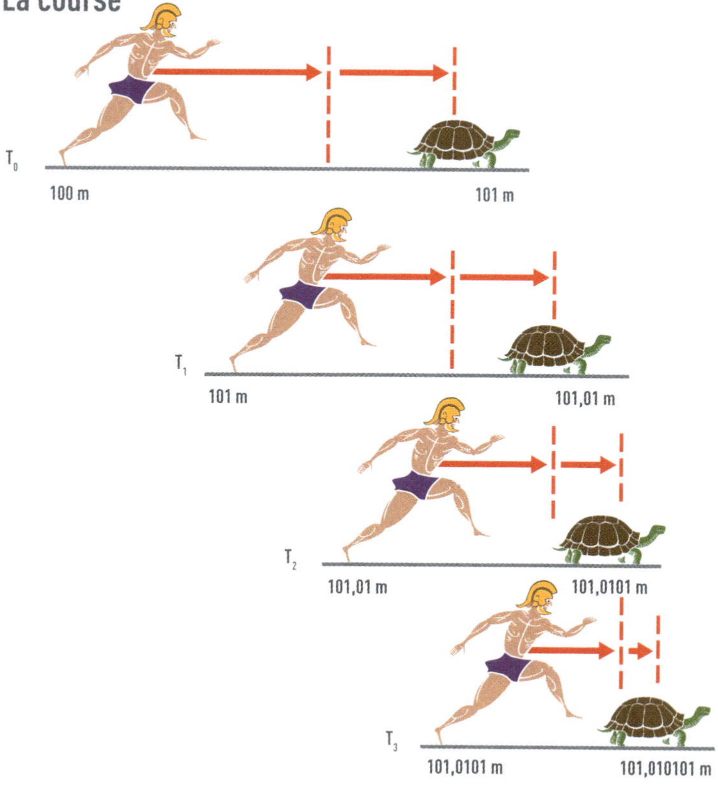

Achille fait la course contre la tortue sur une distance de 1 000 mètres. Il parcourt 100 mètres, et sa concurrente 1 mètre, par minute. En raison de sa lenteur, l'animal bénéficie d'une avance de 100 mètres. Qui remporte la course ?

4.9 Fractions continues

Chaque nombre peut s'écrire sous la forme d'une fraction continue, une série de fractions imbriquées. Les fractions continues sont finies pour les nombres rationnels et infinies pour les nombres irrationnels.

Même s'il est impossible d'écrire un nombre irrationnel sous la forme d'une fraction simple, il est possible de s'en approcher : par exemple, π (*pi*) correspond à environ $^{22}/_{7}$. Une fraction $^{p}/_{q}$ est une bonne approximation d'un nombre irrationnel *x* s'il n'existe aucune fraction plus proche de *x* avec un dénominateur *q* plus petit. Une **fraction continue** d'un nombre donne les meilleures approximations. Elle se calcule en abrégeant une fraction continue infinie. Par exemple, les cinq premières bonnes approximations de :

$$\pi = 3 + \cfrac{1}{7 + \cfrac{1}{15 + \cfrac{1}{1 + \cfrac{1}{292 + \cfrac{1}{\quad}}}}}$$

sont calculées en tronquant la fraction continue à 1, 2, 3, 4 et 5 niveaux pour parvenir à :

3, $^{22}/_{7}$, $^{333}/_{106}$, $^{355}/_{113}$, $^{103993}/_{33102}$

Ces approximations se rapprochent rapidement de la véritable valeur de π, et diffèrent d'environ 0,141, 0,001, 0,0008, 0,0000003 et 0,0000000006. Les bonnes approximations de π émergent car de grands nombres apparaissent dans la fraction continue de π. Si les nombres figurant dans la fraction continue sont limités (ils ne sont jamais supérieurs à un nombre défini), ils sont dits **mal approchables**, ce qui reflète l'irrationalité du nombre.

Aucun modèle de ce type ne peut être trouvé dans la fraction continue standard de π.

$$\phi = 1 + \cfrac{1}{1 + \cfrac{1}{1 + \cfrac{1}{1 + \cfrac{1}{1 + \cfrac{1}{1 + \cfrac{1}{1 + \cfrac{1}{1 + \cfrac{1}{1 + \cfrac{1}{\cdots}}}}}}}}}$$

Fraction continue de ϕ.
Ce modèle fait de ϕ le nombre le plus irrationnel de tous.

Développement décimal de ϕ :

$$\phi = 1.61803\ldots$$

Approximations rationnelles de ϕ :

$$\frac{1}{1}, \frac{2}{1}, \frac{3}{2}, \frac{5}{3}, \frac{8}{5}, \frac{13}{8}, \frac{21}{13}, \ldots$$

Un magnifique modèle, qui n'apparaît pas dans son développement décimal, émerge dans la fraction continue de ϕ. Sa fraction continue ne contient que des 1, ce qui en fait le nombre le plus irrationnel de tous.

4.10 Qui inventa le calcul infinitésimal ?

L'invention du calcul infinitésimal a donné lieu à une controverse entre ses deux principaux protagonistes.

Le **calcul infinitésimal** a été découvert par deux hommes : l'Anglais Isaac Newton (1643–1727) et l'Allemand Gottfried Wilhelm Leibniz (1646–1716), tous deux des génies des mathématiques.

Newton fit connaître sa version du calcul infinitésimal en 1687, dans son œuvre monumentale *Philosophiæ Naturalis Principia Mathematica*. Trois ans plus tôt, en 1684, Leibniz avait publié son premier papier sur le sujet. Newton prétendait avoir déjà dégagé les idées centrales en 1666, à l'âge de 23 ans. Le problème n'était pas tant de savoir qui avait trouvé le premier (personne ne mettait en doute la paternité de Newton) mais de déterminer si Leibniz était parvenu à ses conclusions de manière indépendante.

Certains indices suggèrent que Leibniz aurait eu connaissance du travail de Newton et qu'il aurait tenté de dissimuler ce fait. Mais Newton n'était pas non plus au-dessus de tout soupçon. La Royal Society, l'académie nationale scientifique britannique, mena une enquête et, en 1713, publia un rapport en faveur de Newton, rédigé par... Newton lui-même !

Les historiens actuels s'accordent sur le fait que Leibniz a découvert le calcul infinitésimal indépendamment de Newton. Dans un sens, il a même remporté la bataille, puisque la notation qu'il a inventée pour exprimer le calcul infinitésimal était si accessible qu'elle est toujours utilisée aujourd'hui.

Outre les mathématiques, Newton a apporté sa contribution à divers domaines, dont l'optique et l'astronomie.

$$\dot{x} \quad \ddot{x} \quad \dddot{x} \quad \dot{x}^{n} \quad \dot{x}^{2} \quad \dot{x}^{3}$$

$$\frac{\dot{u}}{\dot{x}} \quad \frac{\ddot{u}}{\dot{x}^{2}} \quad \frac{\ddot{u}}{\dot{x}^{3}}$$

$$\frac{\ddot{u}}{\dot{x}\,\dot{y}} \quad \frac{\dddot{u}}{\dot{x}^{2}\,\dot{y}} \quad \dddot{\left(\frac{\dot{y}}{\dot{z}}\right)}$$

$$dx \quad d^{2}x \quad d^{3}x \quad d^{n}x \quad dx^{2} \quad dx^{3}$$

$$\frac{du}{dx} \quad \frac{d^{2}u}{dx^{2}} \quad \frac{d^{3}u}{dx^{3}}$$

$$\frac{d^{2}u}{dx.dy} \quad \frac{d^{3}u}{dx^{2}.dy} \quad d^{3}\left(\frac{dy}{dz}\right)$$

Newton (à gauche) avec sa version du calcul infinitésimal et Leibniz (à droite) avec la sienne.

5

HASARD

Par définition, le hasard est imprévisible. Il semble donc impossible de prime abord de l'aborder de manière rationnelle. Cependant, il se trouve qu'on peut le maîtriser avec l'aide des mathématiques.

Nous verrons au cours de ce chapitre comment définir la probabilité que survienne un événement, nous tenterons de comprendre pourquoi nos chances de gagner à la loterie sont si infimes et nous découvrirons les lois élémentaires auxquelles les mathématiciens ont recours pour effectuer des calculs de probabilités. Nous explorerons la notion de stochasticité et nous constaterons qu'un seul numéro peut coder notre nom, notre adresse et la séquence entière de notre ADN. Nous découvrirons comment un singe tapant indéfiniment sur une machine à écrire peut reproduire une œuvre de Shakespeare.

Nous aborderons l'importance de la théorie de la probabilité dans des contextes qui nous touchent tous. Nous étudierons comment tester l'efficacité d'un médicament grâce à des essais cliniques randomisés, et nous découvrirons pourquoi il est possible d'évaluer l'humeur d'une nation en interrogeant un nombre relativement réduit des personnes par un sondage d'opinion. Nous verrons comment les scientifiques quantifient l'inévitable incertitude de leurs résultats grâce à des seuils de signification et des intervalles de confiance.

Nous constaterons qu'il est possible de détourner les statistiques, en s'appuyant sur différentes manières d'évoquer les risques afin que les conclusions négatives semblent moins importantes que les positives. Enfin, nous nous rendrons sur une scène de crime, pour y effectuer des tests ADN et nous apercevoir que le fait d'établir une correspondance sur un prélèvement d'ADN ne permet pas de déterminer avec certitude la culpabilité d'un suspect.

Sommaire

5.1 Symétrie et fréquence

La probabilité de gagner au jeu de pile ou face est d'une sur deux. Mais comment le savons-nous ?

L'une des façons de définir la probabilité de gagner à pile ou face consiste à prendre en compte la symétrie de la pièce. Si elle est parfaitement symétrique, aucun côté n'est plus susceptible de sortir que l'autre, et la probabilité qu'elle retombe sur une face ou sur l'autre est égale. En outre, les seuls résultats possibles sont soit pile, soit face.

Sur un total de un lancer, par conséquent, cela donne une probabilité d'une moitié pour pile et d'une moitié pour face. Si l'on suit le même raisonnement, la possibilité de tomber sur l'un des six chiffres d'un dé parfait est d'une sur six.

Mais les processus ne sont pas tous symétriques, d'où le recours à une autre méthode d'évaluation des probabilités. On peut répéter l'opération (par exemple, de lancer une pièce en l'air) un grand nombre de fois et calculer la proportion (également appelée **fréquence relative**) des fois où un résultat donné (par exemple, face) se produit. Le principe de cette vision **fréquentiste** des probabilités est que cette proportion s'approche de la « véritable » probabilité du résultat. Cette idée est souvent utilisée en science. Si un médecin affirme que vous avez 5 % de chances d'attraper une maladie, c'est parce que, dans un groupe de personnes comme vous, 5 % d'entre eux ont contracté la maladie en question.

La probabilité de deviner l'un des 13 983 816 résultats possibles du tirage d'une loterie est de 1/13 983 816 – soit environ 1 sur 14 millions.

Sur un dé parfaitement formé, chacun des six côtés a autant de chances de sortir que les autres. La probabilité que le dé s'arrête sur l'un des six chiffres est par conséquent de $\frac{1}{6}$ (1 divisé par les six résultats possibles).

5.2 Stochasticité et normalité

Même si nous savons de manière intuitive ce qu'est le hasard, il est étonnamment difficile de le définir mathématiquement.

Nous disons d'une chose qu'elle est aléatoire si elle est imprévisible, comme le résultat d'un jeu de pile ou face. Cependant, si vous lancez une pièce en l'air dix fois de suite, vous aurez autant de chances d'obtenir dix fois le côté face que n'importe quelle autre combinaison de dix résultats.

La première tentative de définition de la stochasticité a été réalisée en 1909. Émile Borel (1871–1956) a décrit un nombre au développement décimal infini comme étant **normal** si tous les chiffres apparaissent avec la même fréquence (1/10e des fois), toutes les paires de chiffres avec la même fréquence (1/100e des fois), etc. Si vous décidiez des chiffres d'un nombre en jetant un dé à dix côtés, le nombre résultant serait normal. La normalité est utilisée comme un test de la stochasticité : si un nombre n'est pas normal, sa séquence de chiffres n'est pas considérée comme aléatoire.

Borel a montré que la plupart des nombres sont normaux, mais n'a pas pu donner d'exemple d'un nombre normal. Un étudiant, D. G. Champernowne, a trouvé le premier exemple en 1933 :

0,1234567891011121314151617181920212223...

Ce nombre présente les chiffres de tous les nombres entiers après sa virgule. La normalité ne favorise aucune combinaison de chiffres, mais signifie que toutes les combinaisons doivent apparaître. Dans tous les nombres normaux, votre âge, numéro de téléphone et séquence ADN sont codés numériquement.

Pour qu'un nombre soit aléatoire, il doit être normal, mais les nombres normaux ne sont pas tous aléatoires.

Le paradoxe du singe savant

Nous sommes redevables à Émile Borel de l'idée qui mena à l'élaboration du paradoxe du singe savant selon lequel un singe tapant indéfiniment sur le clavier d'une machine à écrire finira par taper le texte de *Hamlet* de Shakespeare.

5.3 Règles de probabilité

La probabilité est un concept quelque peu élusif, mais les mathématiques nous offrent des règles strictes pour son utilisation.

En maths, la probabilité que survienne un événement est toujours un chiffre entre 0 (aucune chance qu'il se produise) et 1 (il va nécessairement survenir).

Il existe quelques règles de base. Si deux événements indépendants A et B ont des probabilités P(A) et P(B), alors la probabilité que survienne A ou B est la suivante :

P(A ou B) = P(A) + P(B).

La probabilité que se produisent A et B est :

P(A et B) = P(A) × P(B).

Ainsi, si A est la possibilité d'obtenir un 2 avec un dé à 6 faces et B la possibilité d'obtenir un 3, alors la probabilité d'obtenir un 2 ou un 3 est : P(2 ou 3) = P(2) + P(3) = 1/6 + 1/6 = 1/3.

La probabilité d'obtenir un 2 et un 3 avec deux lancers du dé est la suivante : P(2 et 3) = 1/6 × 1/6 = 1/36.

Ces deux règles sont logiques : 2 et 3 ensemble constituent un tiers de l'ensemble des résultats d'un lancer de dé (1 à 6), la probabilité d'un de ces résultats doit donc être 1/3 (voir 5.1). Deux lancers donnent 6 × 6 = 36 résultats possibles. Obtenir un 2 puis un 3 étant l'un de ces résultats, P(2 et 3) est donc bien égal à 1/36.

La somme des probabilités de résultats d'un processus qui s'excluent mutuellement est toujours égale à 1.

Probabilités concernant deux dés lancés ensemble

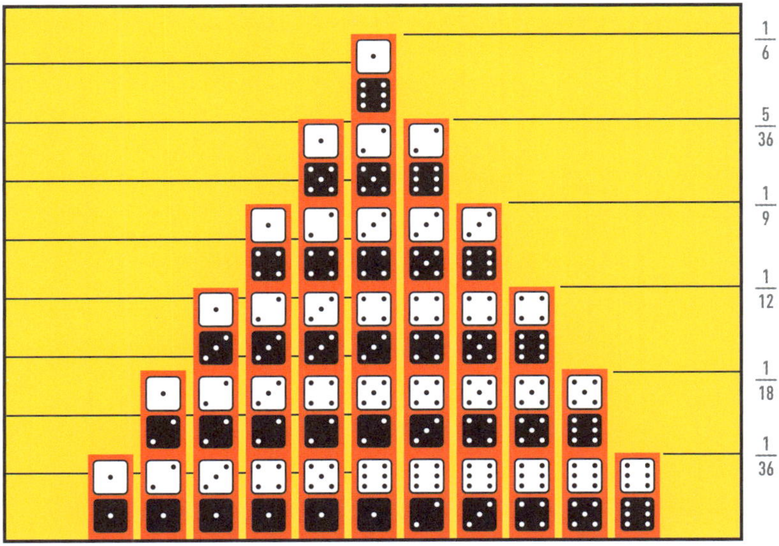

$$2 \times \frac{1}{36} + 2 \times \frac{1}{18} + 2 \times \frac{1}{12} + 2 \times \frac{1}{9} + 2 \times \frac{5}{36} + \frac{1}{6} = 1$$

Cette pyramide illustre les probabilités existantes lorsqu'on lance deux dés. Les chances de tomber sur deux 1 ou deux 6 sont de 1 sur 36, alors que les chances de faire un 5 et un 6 sont de 1 sur 18, etc. La somme des probabilités des différents résultats est égale à 1.

5.4 Théorème de Bayes

Il serait stupide d'ignorer des preuves. Heureusement, le théorème de Bayes nous permet de remettre en cause nos certitudes lorsque de nouvelles preuves sont découvertes.

Un type de maladie donné concerne 1 % de la population. Un test permet de dépister cette infection, mais il n'est pas parfait, il donne un résultat positif pour 90 % des personnes atteintes, mais également pour 5 % de personnes saines. Vous venez de recevoir un résultat positif au test de dépistage. Quelle est la probabilité que vous soyez réellement malade ? La plupart d'entre nous répondraient 90 % mais, en fait, la probabilité est plus proche de 15 %.

Une **probabilité conditionnelle** est la probabilité qu'un événement A se produise si un autre événement B est déjà survenu. Elle prend la forme : P(A | B). Le **théorème de Bayes** :

$$P(A \mid B) = P(A) \times P(B \mid A)/P(B)$$

permet d'effectuer le calcul avec les probabilités conditionnelles et de réévaluer votre pronostic initial concernant la probabilité de A, étant donné le nouvel élément B (à savoir que le résultat de votre test est positif) : P(maladie | positif).

Avant le test, la possibilité d'avoir contracté la maladie était P(maladie) = 0,01. Vous pouvez calculer P(positif) comme étant 0,0585 (qui associe la proportion de malades positifs et la proportion de personnes saines testées positives à tort). Nous savons également que P(positif | maladie) = 0,9. En utilisant ces chiffres, le théorème de Bayes donne :

$$P(\text{maladie} \mid \text{positif}) = P(\text{maladie}) \times P(\text{positif} \mid \text{maladie})/P(\text{positif}) = 0{,}01 \times 0{,}9/0{,}0585 = 0{,}154.$$

Thomas Bayes (1701-1761) était pasteur de l'Église presbytérienne et statisticien.

Démonstration du théorème de Bayes

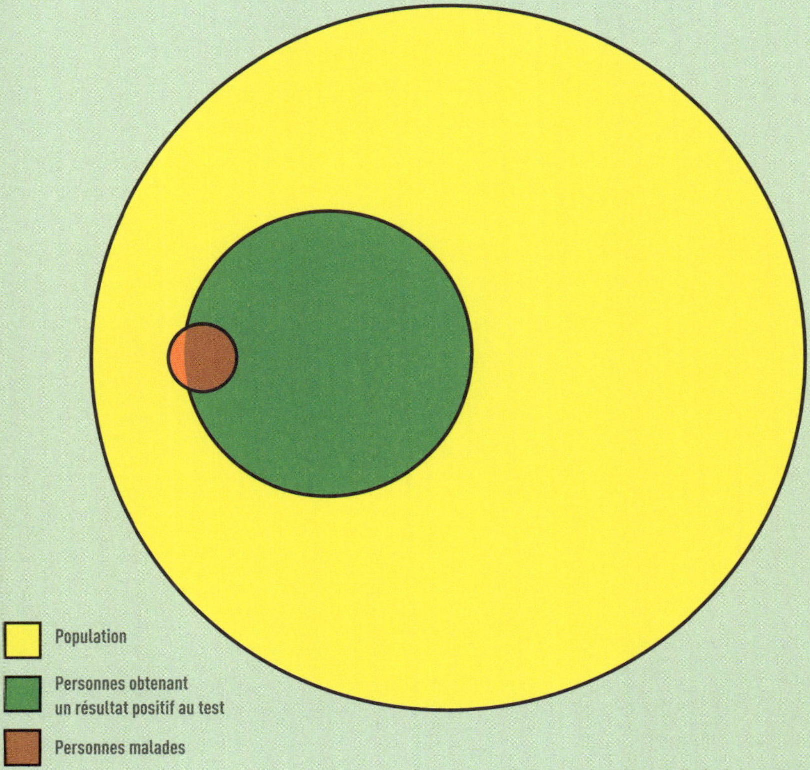

L'intersection des cercles vert et marron représente la proportion de personnes malades et dont le résultat du test est positif, parmi toutes les personnes présentant un test positif.

5.5 Loi des grands nombres

La loi des grands nombres, que nous connaissons tous de manière intuitive, est souvent mal comprise.

La loi des grands nombres stipule que la répétition d'un processus un grand nombre de fois donne des résultats reflétant les probabilités sous-jacentes. Par exemple, lorsque l'on joue à pile ou face de nombreuses fois, la proportion de faces doit être d'environ la moitié, ce qui reflète le fait que la probabilité que la pièce tombe côté pile correspond à une sur deux.

Cette idée est souvent mal comprise. Si vous avez lancé la pièce 99 fois et qu'elle est toujours tombée côté face, la loi des grands nombres n'implique-t-elle pas qu'il y a de grandes chances que le millième lancer tombe côté pile ? Après tout, la loi des grands nombres implique que la proportion de piles doit être aussi proche que possible de la moitié.

La réponse est non. Les chances que la pièce retombe côté pile au prochain lancer restent de une sur deux. La loi des grands nombres indique que, lorsque le nombre de lancers de pièce augmente vers l'infini, la proportion de faces converge vers 0,5 (voir 4.2). Mais il reste possible que cela se produise après, par exemple, le millionième ou le milliardième lancer. Il n'y aucune obligation que ce soit au centième lancer.

Le chemin vers l'infini est long, mais celui vers la perte d'un pari est court si on n'y prend pas garde !

Ne vous fiez pas à la loi des grands nombres pour parier à pile ou face.

Pile ou face ?

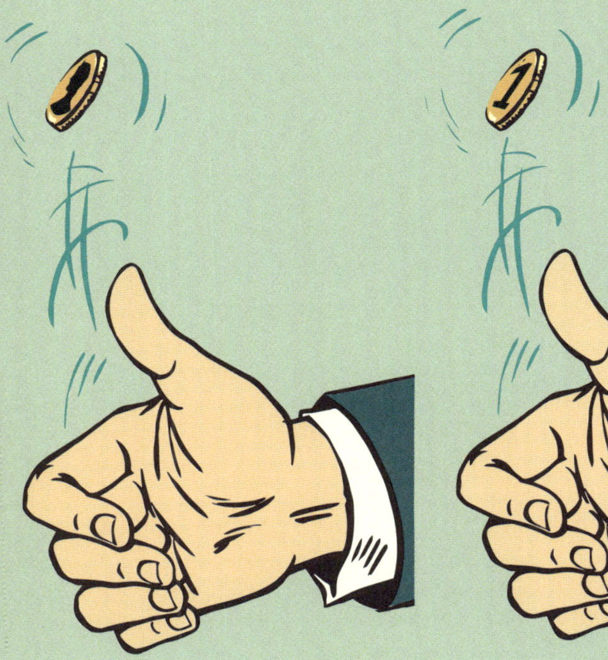

Chaque fois que vous lancez une pièce, vous avez exactement le même nombre de chances qu'elle tombe sur pile que sur face.

5.6 Loi de Gauss

Une idée centrale de la statistique est que l'on peut affirmer des faits concernant une population dans son ensemble à partir d'un échantillon. Mais comment savoir si c'est vraiment le cas ?

Supposons que vous ayez calculé la taille moyenne d'un échantillon de 30 personnes prises au hasard et que celle-ci soit 75 cm. Vous sauriez que quelque chose ne va pas : votre échantillon devait compter de nombreuses personnes très petites. Mais comment se prémunir contre la survenue d'un résultat aussi inhabituel dans toute étude n'englobant pas une population dans son ensemble ?

La réponse émane d'un petit miracle. Supposons que vous preniez des échantillons au hasard de nombreux groupes de 30 personnes, que vous calculiez la moyenne pour chaque groupe et que vous notiez le nombre de fois où chaque moyenne survient sur un diagramme de fréquences. Quelle que soit la nature de l'échantillon, qu'il s'agisse de tailles, d'opinions ou de revenus, le diagramme a toujours une forme de cloche. Plus le nombre de personnes dans chaque échantillon est important, plus la forme de cloche est prononcée. Le haut du graphique, qui représente la moyenne la plus fréquemment observée, correspond à la véritable moyenne de la population totale.

La certitude que les moyennes d'un grand nombre d'échantillons suivent ce type de répartition permet aux statisticiens de calculer l'éloignement de la moyenne d'un échantillon (sondage d'opinion ou échantillon de taille, par exemple, par rapport à la véritable moyenne qu'ils recherchent, ce qui leur permet d'être plus sûrs de leur estimation.

Les courbes en cloche sont des illustrations de la loi de Gauss et le petit miracle est le théorème central limite.

Taille moyenne

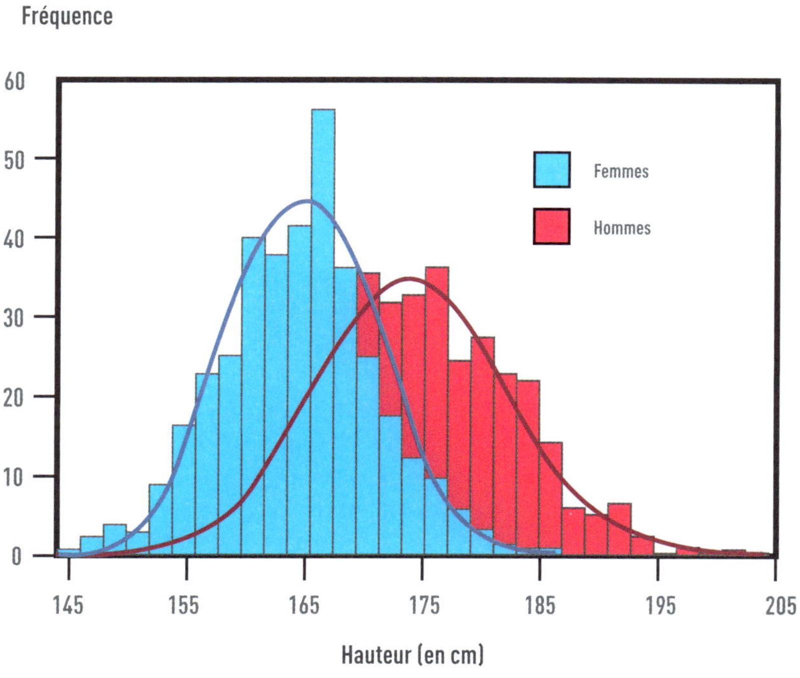

Le diagramme de fréquences des tailles moyennes matérialise la loi de Gauss. De nombreuses quantités observées dans le monde réel sont des moyennes de processus que nous ne voyons pas, et la loi de Gauss trouve alors toute son utilité.

5.7 Essais cliniques randomisés

Comment savoir si un traitement médical est efficace ?

Jadis, les médecins décidaient de l'efficacité d'un traitement par approximations successives, d'après leur expérience personnelle. Cette méthode n'est toutefois pas fiable, car elle ne permet pas de déterminer si l'état d'un patient s'améliore (ou empire) en raison d'un traitement ou d'un autre facteur inconnu. Au XIXe siècle, les médecins commencèrent à tester les traitements sur deux groupes de personnes, le **groupe expérimental** d'un côté, qui recevait le nouveau traitement, et le **groupe témoin** de l'autre, qui bénéficiait d'un traitement inerte (**placebo**) ou d'un traitement existant. Les résultats des deux groupes étaient alors comparés.

Cela n'empêchait pas les chercheurs de voir ce qu'ils souhaitaient voir. C'est pour cela qu'en 1917 fut introduite la notion de procédure **aveugle**. Les personnes impliquées dans les essais cliniques ne savaient pas si un patient faisait partie d'un groupe témoin ou expérimental. On évitait ainsi que le fait de savoir de quel groupe faisait partie un patient ait une incidence (intentionnelle ou non) sur les résultats des tests.

Il subsistait néanmoins un risque d'influence, en cas de nouveau traitement administré à des patients moins malades, qui avaient donc de meilleures chances de guérir. Dans les années 1940, les tests du vaccin anti-coqueluche furent les premiers **essais randomisés** au cours desquels les patients furent répartis au hasard dans les groupes témoin et expérimental.

Les essais cliniques randomisés sont désormais utilisés systématiquement pour évaluer l'efficacité de nouveaux traitements médicaux.

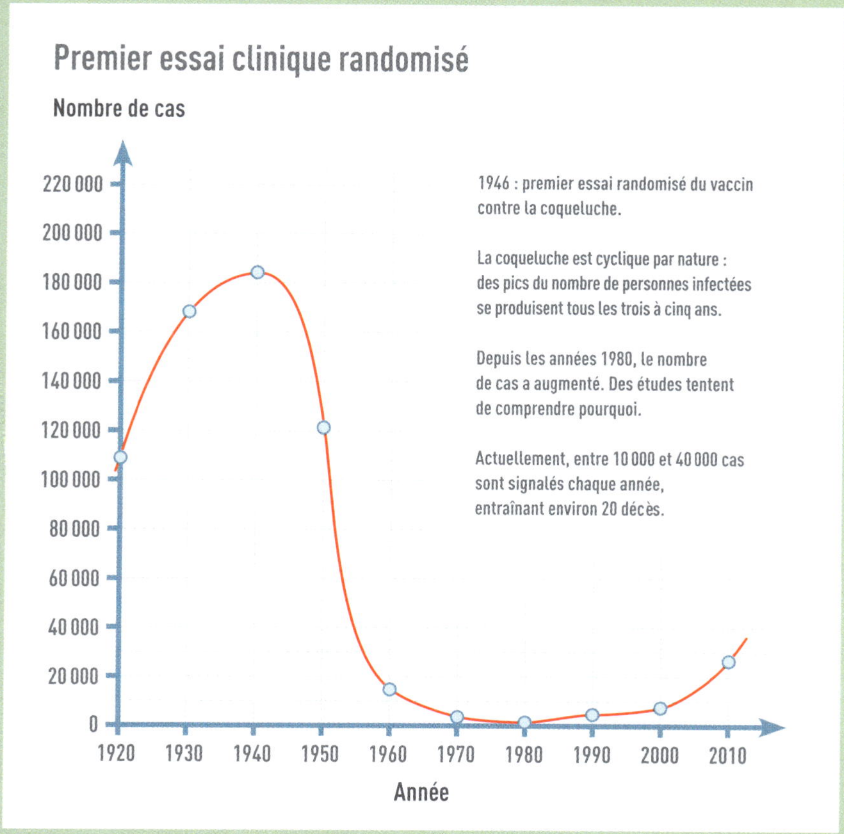

Ce graphique représente les cas de coqueluche depuis 1920. Avant la mise au point du vaccin dans les années 1940, environ 200 000 enfants contractaient la maladie chaque année aux États-Unis, parmi lesquels environ 9 000 mouraient.

5.8 Seuils de signification

Lorsque les scientifiques présentent des résultats d'étude, ils parlent souvent de valeur *p* et de seuils de signification. Que veulent dire ces termes ?

Un intervalle de confiance de 95 % correspond à un seuil de signification de 5 %.

Prenons le cas d'un essai clinique randomisé (voir 5.7) d'un nouveau médicament réduisant la pression artérielle de 20 mmHg (mesure standard de la pression) en moyenne. Comment savoir si la réduction de la pression est vraiment le fait du médicament et non d'autres raisons inconnues ?

Alors qu'il est impossible de calculer la probabilité de l'efficacité du médicament, il est possible de calculer la probabilité de constater une différence aussi importante que celle observée (une réduction de 20 mmHg), en supposant que le médicament n'est pas efficace. C'est ce que l'on appelle la **valeur *p***. Si la valeur *p* est petite, elle constitue une bonne raison de penser que le traitement est efficace.

De quel ordre de grandeur s'agit-il ? En règle générale, dans les études cliniques, une valeur *p* inférieure à 5 % indique un résultat significatif. Ce seuil de 5 % est le **seuil de signification**, généralement représenté par α (la lettre grecque alpha). On dit qu'un essai est significatif au seuil α s'il y avait une probabilité inférieure à α d'obtenir le résultat (une réduction de 20 mmHg) avec un médicament inefficace. Le résultat était alors le fait du hasard.

L'intervalle de confiance est un concept associé. Par exemple, l'intervalle entre 15 et 25 est un intervalle de confiance de 95 % si l'on est sûr à 95 % que le véritable résultat (réduction avérée de la pression artérielle) se situe entre 15 et 25.

Essais cliniques

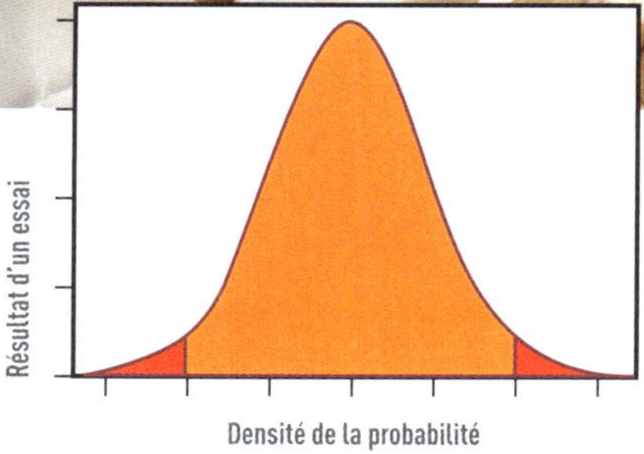

Ce graphique illustre une mesure de la probabilité que le résultat d'un essai soit égal à *x* si le médicament n'est pas efficace. La probabilité que le résultat corresponde aux zones rouges est de 5 %.

Lors d'essais concernant des vaccins, il est indispensable d'exclure la possibilité que le résultat de l'étude soit le fruit du hasard.

5.9 Risque relatif

Reposez ce sandwich au jambon ! La charcuterie augmente de 20 % le risque de souffrir d'un cancer colorectal ! Mais y a-t-il vraiment des raisons de s'alarmer ?

Un rapport du Fonds mondial de recherche contre le cancer affirme, entre autres choses, que le fait de manger 50 g de charcuterie par jour (l'équivalent d'un sandwich au jambon), augmente de 20 % le risque de contracter un cancer colorectal.

Ce nombre semble inquiétant car il est exprimé en termes de **risque relatif**, c'est-à-dire de l'ampleur de l'augmentation du risque par rapport au **risque absolu** (le nombre de personnes dans la population générale susceptibles de contracter la maladie).

Environ 5 % de la population déclare un cancer colorectal, et 20 % de plus que 5 correspond à 6. Le risque relatif de 20 % provoqué par les sandwichs au jambon quotidiens se traduit par une augmentation du risque absolu à 6 %. Une augmentation du risque absolu de 1 % n'est pas anodine, mais elle n'est pas aussi alarmante que l'augmentation de 20 % du risque relatif.

Les risques relatifs semblent plus importants que les risques absolus. Il est donc possible de retourner les résultats d'un essai, selon que l'on s'appuie sur l'un ou l'autre type de risque. Par exemple, si vous souhaitez exprimer des résultats positifs pour un nouveau traitement, vous pouvez publier les risques relatifs pour son efficacité, mais les risques absolus pour ses effets secondaires. Ainsi, les avantages du traitement semblent plus importants que les effets secondaires. C'est ce que l'on appelle le **formatage hétérogène**.

La pratique douteuse du formatage hétérogène a été détectée dans un tiers des études publiées dans d'importantes revues médicales.

Risque augmenté

Consommer 50 g de charcuterie par jour augmente de 20 % le risque de contracter un cancer colorectal. Le chiffre paraît alarmant car il est exprimé en termes de risque relatif. En termes de risque absolu, le risque n'augmente que de 1 %.

5.10 Le sophisme du procureur

L'ADN d'une femme correspond à celui prélevé sur une scène de crime. Les chances de correspondance d'un échantillon d'ADN étant d'une sur deux millions, cette femme est forcément coupable, non ?

L'histoire judicaire a connu des cas de condamnation à tort à cause du sophisme du procureur.

Faux. Cela dit, cette erreur est courante, on l'appelle le **sophisme du procureur**. Elle confond la probabilité d'une sur deux millions avec la probabilité de l'innocence de la femme. Or, pour évaluer correctement sa culpabilité, il convient de voir dans quelle mesure le fait que son ADN corresponde au prélèvement la rend plus susceptible d'être coupable qu'avant que la preuve par l'ADN soit apportée.

Une version du théorème de Bayes (voir 5.4), qui prend comme exemple un joueur de loterie, est utile dans ce cas. La probabilité de correspondance susmentionnée implique que l'ADN de la femme est deux millions de fois plus susceptible de correspondre au prélèvement si elle est coupable que si elle est innocente. Le théorème de Bayes stipule que :

Probabilités de culpabilité après la preuve ADN :

= 2 000 000 × probabilités de culpabilité avant l'ADN.

Si la femme vit dans une ville de 500 000 habitants et que l'on considère que tous sont tout aussi susceptibles d'avoir commis le crime, ses chances d'être coupable avant la preuve de l'ADN sont d'une sur 500 000. Par conséquent :

Probabilités de culpabilité après la preuve de l'ADN :

= 2 000 000 × 1/500 000 = 4.

Traduit en probabilités, cela donne 80 % de chances de culpabilité. Pas vraiment au-delà du doute raisonnable !

Empreinte génétique. La probabilité de la preuve, sachant que le suspect est innocent, n'est pas la même que la probabilité que le suspect soit innocent, étant donnée la preuve.

COURBES

6

En 1915, Albert Einstein changea notre vision de l'Univers lorsqu'il s'est aperçu que la force gravitationnelle correspond à la courbure de l'espace-temps. Les courbes offrent également certaines des plus belles, et évocatrices, illustrations des mathématiques. Leurs formes peuvent révéler la nature des équations qui les définissent et elles offrent un mécanisme d'exploration des objets mathématiques les plus complexes.

Einstein ne fut pas le premier à utiliser la courbure pour éclairer le fonctionnement de l'Univers. Au XVIIe siècle, des courbes appelées ellipses suggérèrent à Johannes Kepler la forme des orbites planétaires. L'ellipse fut étudiée par les Grecs en tant que section conique. Ces courbes créées en prenant une tranche plate dans deux cônes en équilibre sur leurs pointes donnent naissance aux cercles, ellipses, paraboles et hyperboles. Une autre courbe très en vogue au XVIIe siècle était la chaînette, dont Robert Hook observa qu'elle présentait la forme d'un arc autoportant efficace.

Les courbes nous permettent d'étudier la courbure, que ce soient des courbes délicates ou des surfaces complexes. La première étape pour comprendre cette notion est de savoir que toutes les courbes peuvent être approchées par une ligne tangente plate. Elles peuvent l'être aussi par des cercles au doux nom d'osculateurs ou « cercles qui embrassent ». Ces deux concepts sont ensuite utilisés afin de calculer la courbure de surfaces.

Les surfaces minimales, ces formes délicates dessinées par les pellicules de savon passant par un cercle en métal, se caractérisent par leur courbure. Les architectes s'appuient sur ce domaine mathématique en raison de son efficacité en termes de matériaux et des magnifiques formes qu'il permet de créer.

Sommaire

6.1 Chaînette

Quel est le point commun entre le stade de Wembley et la cathédrale Saint-Paul de Londres ?

Lorsque l'on suspend une chaîne à deux crochets et qu'on la laisse pendre naturellement sous son propre poids, la courbe qu'elle forme s'appelle une **chaînette**, en mathématique. Toute chaîne pendue trouve sa forme d'équilibre, dans laquelle les forces de tension (provenant des crochets qui la maintiennent) et la force gravitationnelle qui la tire vers le bas sont parfaitement équilibrées.

Il se passe quelque chose de magique lorsqu'on retourne une chaînette : sa forme inversée décrit une arche. Il s'agit en fait de la forme la plus stable qu'une arche puisse prendre. Dans une chaîne suspendue, les forces de tension agissent le long de la ligne de la courbe. Dans une chaînette renversée, elles deviennent des forces de compression et, puisqu'elles s'exercent uniformément le long de l'arche, la courbe ne se déforme pas. C'est la raison pour laquelle il est préférable d'utiliser une chaînette inversée pour construire une arche. Ainsi, elle tient seule, sous son propre poids. Qui plus est, elle utilise un minimum de matériaux.

La forme du Gateway Arch de la ville de Saint-Louis, (États-Unis), l'arche la plus haute du monde, s'appuie sur une chaînette inversée.

L'architecte britannique Robert Hooke (1635–1703) fut le premier à étudier la chaînette sur le plan mathématique. En 1675, il publia une anagramme (en latin) de : « De même que pend un fil flexible, de même, en inversant, on trouve les pièces contiguës d'une arche. »

Le dôme de la cathédrale Saint-Paul de Londres

La cathédrale possède trois dômes : un extérieur et un intérieur pour l'effet visuel, ainsi qu'un dôme caché entre les deux, qui sert de renforcement. Sir Christopher Wren a imaginé la forme du dôme intermédiaire à partir d'une chaînette inversée.

6.2 Ellipse

Un cercle est un cas particulier d'un autre type de courbe, l'ellipse.

Il est possible de tracer un cercle avec un crayon et un morceau de ficelle : fixez le crayon à une extrémité de la ficelle et maintenez l'autre extrémité au centre d'une feuille de papier. En tirant la ficelle et en tournant autour du crayon, vous obtenez un cercle.

Le même morceau de ficelle peut servir à dessiner une **ellipse**. Cette fois, elle est étirée entre trois points : le crayon et deux autres points, appelés les **foyers**, de l'ellipse. La ficelle étirée forme alors un triangle, dont un côté conserve toujours la même longueur (l'espace séparant les deux foyers). La somme des deux côtés restants (les distances entre un point sur l'ellipse et chacun des deux foyers) est toujours égale à la même longueur. Vous pouvez essayer avec un crayon et un morceau de ficelle, en utilisant votre pouce et votre index comme foyers.

Un cercle est simplement un type particulier d'ellipse dans lequel les deux foyers sont en fait le même point. Si tel n'est pas le cas, l'ellipse s'allonge lorsque les foyers s'éloignent l'un de l'autre. Cet étirement est mesuré par l'**excentricité** de l'ellipse : le rapport de la distance entre les foyers divisée par la largeur de l'ellipse.

Si on découpe dans un cône de signalisation une tranche inclinée, la section transversale est une ellipse (voir p. 139).

Lois de Kepler

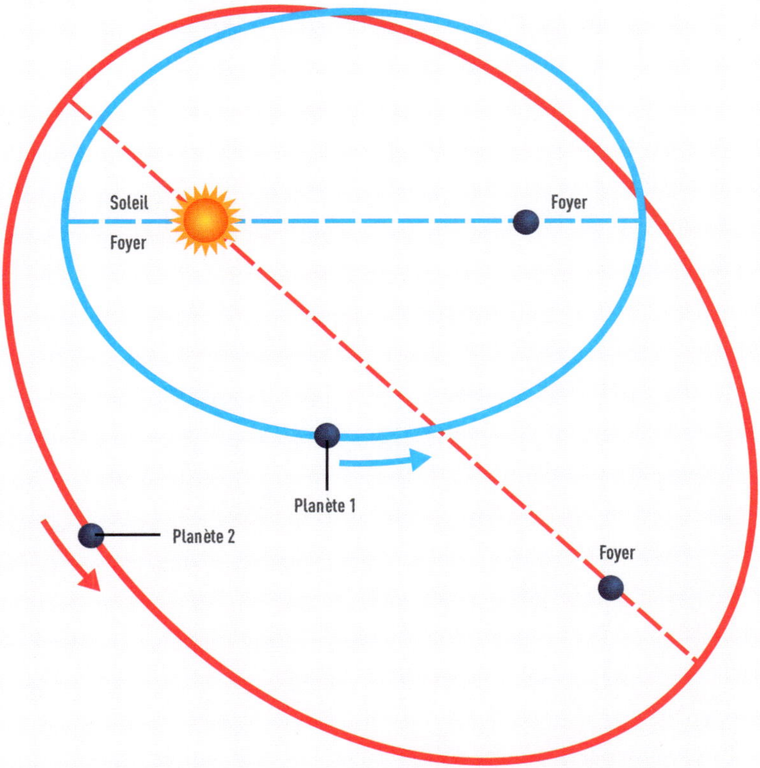

Au XVIIe siècle, Johannes Kepler a découvert trois lois qui décrivent les mouvements des planètes. La première était que l'orbite de toutes les planètes est une ellipse, le Soleil étant l'un des foyers. Les pointillés illustrent le fait que l'axe de chaque ellipse passe par ses deux foyers.

6.3 Hyperbole

Cette courbe appartient à une famille importante de courbes qui est étudiée depuis des millénaires.

Si on braque une lampe torche sur le sol, on crée un halo de lumière circulaire, car le sol intercepte le cône de lumière. En inclinant la lampe, on allonge le cercle, qui devient une ellipse. Si on incline davantage, l'ellipse s'étire jusqu'à ce que le côté supérieur du cône dessiné par la lampe soit parallèle au sol. Le halo de lumière prend alors la forme d'une **parabole** (voir 3.3). En inclinant encore la lampe, on obtient une forme appelée **hyperbole**.

Ces formes – cercles, ellipses, paraboles et hyperboles – sont étudiées sur le plan mathématique depuis 300 av. J.-C. On les appelle les **sections coniques** : ce sont des tranches taillées dans deux cônes placés l'un au-dessus de l'autre, pointe contre pointe (voir ci-contre). Une tranche horizontale donne un cercle, une tranche inclinée, une ellipse, une tranche parallèle au côté du cône, une parabole, et une tranche qui coupe les deux cônes donne une hyperbole.

Une hyperbole possède deux branches, chacune étant l'image en miroir exacte de l'autre. Ces branches sont délimitées par deux droites qui se croisent, appelées **asymptotes**. À mesure que les branches s'éloignent du centre de l'hyperbole, elles se rapprochent de ces lignes, sans toutefois les toucher.

Vous avez probablement déjà rencontré une hyperbole – la représentation graphique de la fonction $y = 1/x$.

Sections coniques

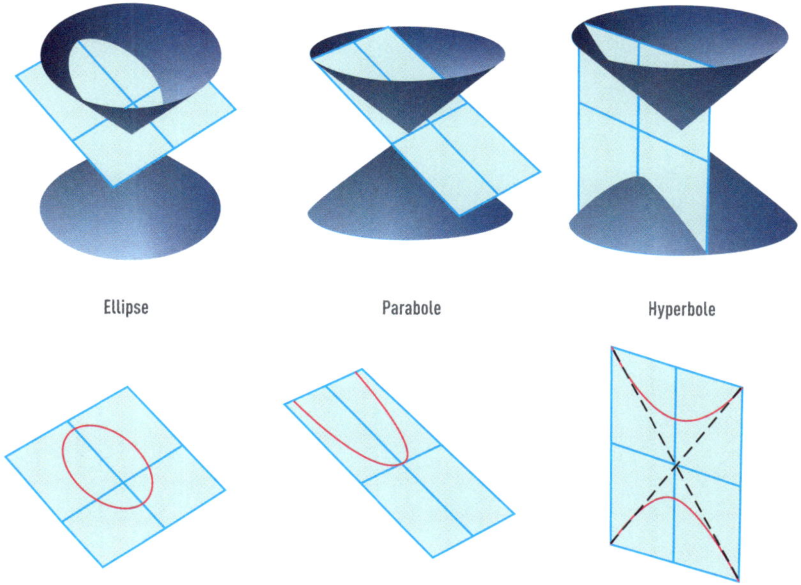

Les images ci-dessus représentent les trois sections coniques : l'ellipse (qui englobe un cas particulier, le cercle), la parabole et l'hyperbole. Cette dernière est délimitée par ses deux asymptotes, matérialisées par les lignes pointillées.

6.4 Tangentes

Si vous effectuez un zoom avant sur une courbe tracée sur une feuille de papier, vous constaterez qu'elle ressemble à une ligne droite.

Une ligne droite qui touche une courbe en un point est une **tangente** de la courbe à ce point. Si une courbe est lisse, elle doit avoir une tangente à tous les points. Un objet doté d'un angle vif, comme la fonction de valeur absolue, possède des tangentes à presque tous ses points, sauf dans l'angle. Pour qu'une tangente existe, sa direction doit changer uniformément lorsque l'on passe d'un côté du point à l'autre. À l'angle d'une fonction de valeur absolue, en revanche, la tangente change brusquement de direction. Les deux cas sont représentés ci-contre.

On peut aussi avoir une ligne tangente, et un plan tangent, à une surface. Les mêmes règles s'appliquent : une surface lisse présente des lignes tangentes et des plans tangents définis à tous les points ; aucun angle ni aucun pli ne sont autorisés.

La courbure d'une courbe ou d'une surface est mesurée par la manière dont elle s'éloigne d'une ligne droite. Dans le cas d'une courbe, c'est son degré d'approximation par la tangente à un point donné. Dans le cas d'une surface, c'est son degré d'approximation par son plan tangent en un point donné. Si une courbe est très similaire à sa tangente en un point, par exemple à de grandes valeurs positives ou négatives pour une parabole, la courbure est très proche de zéro (la courbure d'une ligne droite). Mais si la courbe est très différente de sa tangente, par exemple au tournant de la parabole, la courbure présente une valeur positive ou négative plus importante.

Une ligne perpendiculaire à la ligne tangente (pour une courbe) ou au plan tangent (pour une surface) est appelée normale.

Tangentes et courbure

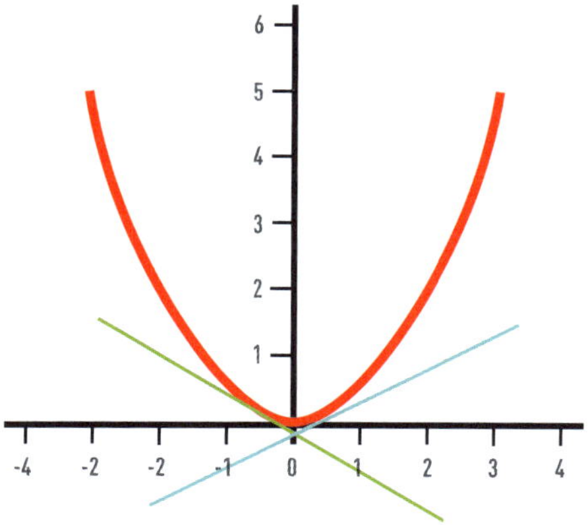

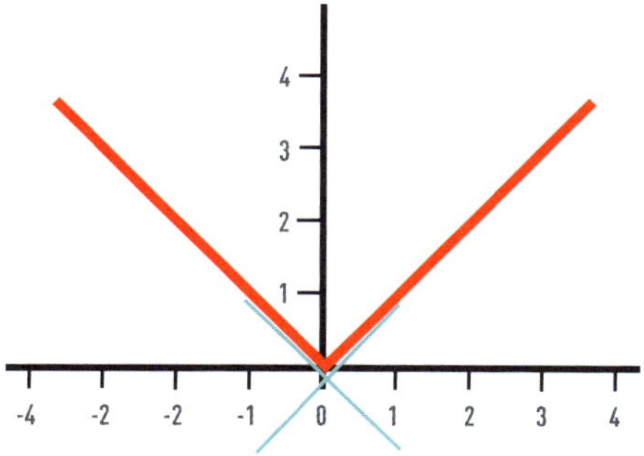

La courbure est la dérivée de la direction des tangentes lorsqu'on se déplace à vitesse constante sur une courbe. Pour la fonction de valeur absolue (image du bas) la tangente est inchangée avant et après l'angle, mais on observe un changement instantané à l'angle, ce qui n'est pas autorisé.

6.5 Cercles osculateurs

La courbure détermine le degré de différence entre une courbe et une ligne plate. Mais comment se mesure-t-elle ?

Les lignes tangentes sont des lignes droites qui s'approchent très près d'une courbe en un point donné. Une autre manière d'approcher d'une courbe en un point consiste à utiliser un cercle. Le **cercle osculateur** à un point sur la courbe est celui qui correspond le mieux à la courbe à ce point. La taille de la courbure en ce point correspond à la valeur $1/R$, R étant le rayon du cercle osculateur.

Si la courbe est relativement plate, par exemple à des valeurs négatives ou positives très grandes de x pour la courbe x^2, le cercle osculateur possède un très grand rayon et la courbure $1/R$ est proche de zéro. Si la courbe est beaucoup plus prononcée, disons, au point d'inflexion de la parabole pour x^2, alors le rayon du cercle osculateur est beaucoup plus petit, et la courbure beaucoup plus éloignée de zéro.

On peut définir la courbure comme étant négative ou positive, selon le côté de la courbe où se trouve le cercle osculateur. Il est possible d'évaluer la courbure globale d'une courbe en observant la dérivée de la courbure lorsqu'on se déplace à vitesse constante sur la courbe. Par exemple, un cercle possède une courbure constante, c'est-à-dire que le cercle osculateur est le même à chaque point et reste inchangé à mesure qu'on se déplace sur le cercle.

« Osculateur » signifie « qui embrasse », car le cercle effleure, ou « donne un baiser à », la courbe à ce point.

Cercle osculateur pour une onde sinusoïdale

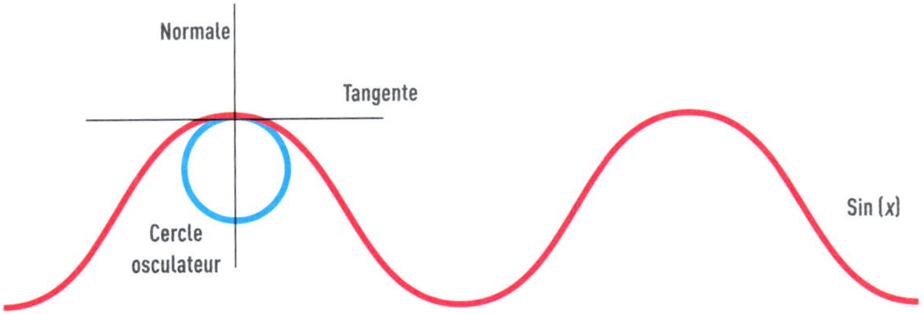

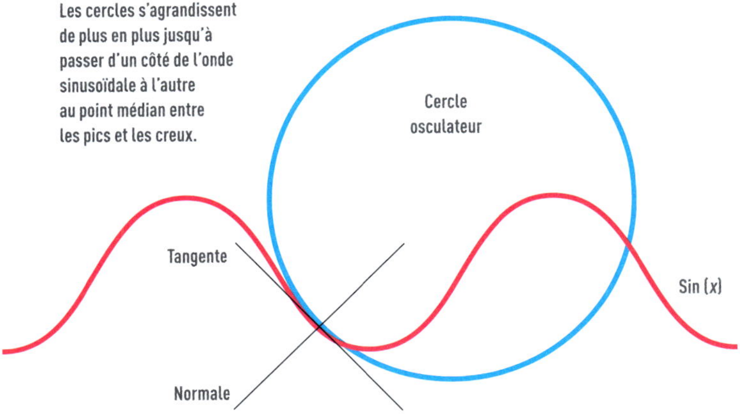

Le cercle osculateur d'une onde sinusoïdale se rétrécit et s'agrandit à mesure que l'on se déplace sur la courbe. Les plus petits cercles se situent aux points de plus grande courbure – les pics et les creux.

6.6 Courbure d'une surface

Comment mesure-t-on la courbure d'une surface ?

Les cercles osculateurs donnent une valeur numérique de courbure en un point sur une courbe unidimensionnelle dessinée sur un plan (voir 6.5). Nous pouvons appliquer la même méthode pour calculer la courbure d'une surface à deux dimensions.

La courbure d'une surface correspond à la quantité de laquelle la surface diffère de son plan tangent à ce point. La **normale** au plan tangent est la direction qui lui est perpendiculaire. On peut définir un plan qui contient cette direction normale, formant un **plan normal** perpendiculaire au plan tangent. La surface traverse le plan normal créant une courbe unidimensionnelle sur ce plan, dont la courbure peut être mesurée par le cercle osculateur.

Il existe une infinité de plans normaux à tout point de la surface, chacun donnant une valeur différente de la courbure pour les courbes découpées dans ces plans normaux par la surface. Il suffit de prendre en compte les valeurs maximale et minimale de ces plans. Le produit des courbures maximale et minimale calculé à partir de plans normaux est la **courbure de Gauss**. Une surface est plate à un point si ce produit est zéro. Une surface possède une courbure positive si la courbure de Gauss à ce point est positive ; à ce point, la surface prend la forme d'un bol ou d'une colline. En revanche, si la surface a une forme de selle en un point, la courbure de Gauss est négative.

Il existe des manières plus compliquées de définir la courbure de l'équivalent d'une surface dans un espace aux dimensions plus nombreuses.

Courbure de Gauss

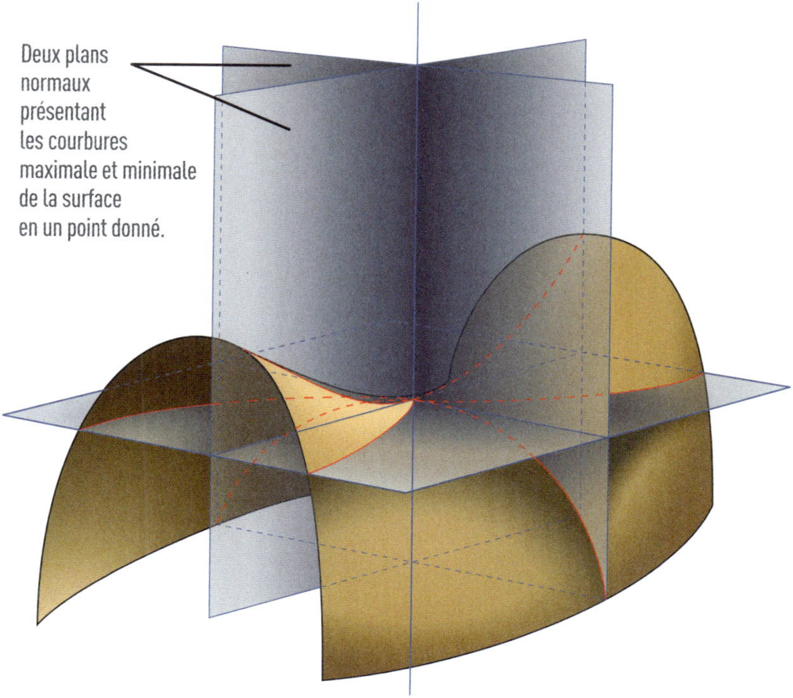

La courbure de Gauss de cette surface en forme de selle est négative. C'est le produit des courbures maximale et minimale, qui ont des signes opposés, comme illustré dans l'image : les courbes des plans normaux se trouvent sur des côtés différents du plan tangent.

6.7 Courbes elliptiques

Peut-on trouver deux nombres entiers x et y tels que $y^2 = x^3 - 2x + 1$? La réponse est oui, par exemple, $x = 0$ et $y = 1$. Mais existe-t-il d'autres solutions ?

Si vous tracez tous les points (x, y) qui correspondent à l'équation : $y^2 = x^3 - 2x + 1$

dans un système de coordonnées (voir 3.2), le résultat est la jolie courbe représentée dans le diagramme ci-contre. C'est un exemple de **courbe elliptique**.

Cette courbe elliptique rassemble les paires de nombres réels x et y qui constituent des solutions à notre équation. Mais est-il possible de représenter toutes les paires de **nombres complexes** (voir 1.9) qui constituent aussi des solutions ? Un nombre complexe est composé de deux informations, donc une paire de nombres complexes est composée de quatre informations. Pour tracer la paire, nous avons par conséquent besoin de quatre dimensions, que nous ne pouvons pas visualiser.

Il existe néanmoins un fait utile qui peut nous sauver la mise. La forme qui code les solutions complexes de notre équation réside dans un espace à quatre dimensions, mais elle n'utilise que deux de ces dimensions. En fait, il est possible de la représenter par une surface qu'il nous est facile d'imaginer : un anneau. Il en va de même pour toutes les équations qui définissent une courbe elliptique. Les paires de nombres complexes qui constituent des solutions de l'équation peuvent toujours être représentées par un anneau.

Les courbes elliptiques jouent un rôle important dans la démonstration du dernier théorème de Fermat.

Courbes elliptiques

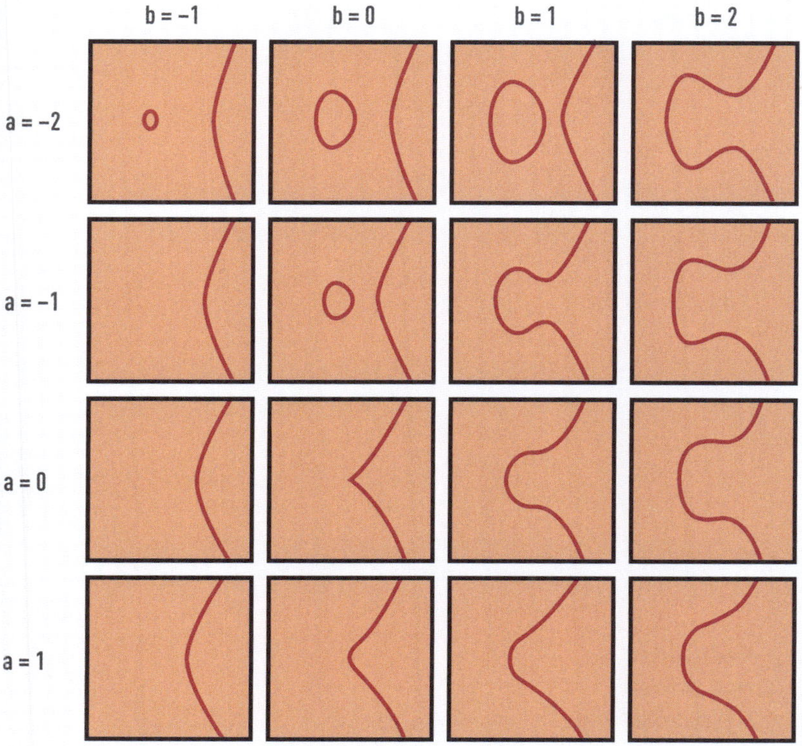

Une courbe elliptique est décrite par une équation qui prend la forme $y^2 = x^3 + ax + b$. Le diagramme ci-dessus représente les courbes elliptiques obtenues lorsque *a* se situe entre −2 et 1 et que *b* se situe entre −1 et 2.

6.8 Surfaces minimales

Bonne nouvelle : nous pouvons tous résoudre des problèmes mathématiques complexes en jouant avec des bulles de savon.

Le cercle est la forme la plus efficace, dans la mesure où il délimite l'aire la plus importante pour une longueur de périmètre donnée (voir 2.3). C'est aussi la forme dotée du périmètre le plus court autour d'une aire donnée. Il en va de même pour la sphère, qui réduit la surface nécessaire pour englober un volume d'espace donné.

On peut se demander comment diviser un plan en parties de tailles égales, de sorte que les différents périmètres soient de la longueur la plus réduite possible. Les mathématiciens savent depuis au moins l'an 360 que la réponse réside dans une alvéole hexagonale. Ils ne sont toutefois parvenus à le démontrer qu'en 1999, à travers le théorème du nid d'abeille.

La nature offre des réponses sans preuve mathématique, car elle parvient toujours à une solution qui nécessite une quantité d'énergie minimale. Sur le plan mathématique, une **surface minimale** occupe la zone la plus petite possible dans un espace délimité. Il est possible de trouver une surface minimale en résolvant les équations correspondantes. Plus facilement, on peut tordre un morceau de fil de fer et lui donner la forme de son choix avant de le tremper dans un liquide savonneux. La pellicule qui s'inscrit dans la forme lorsqu'on la retire du liquide sera l'équivalent de la solution mathématique.

Mathématiquement, les surfaces minimales sont celles dont la courbure de Gauss vaut zéro (voir 6.6) ; les sphères, techniquement parlant, n'en font donc pas partie.

Les architectes affectionnent les surfaces minimales.
Frei Otto a utilisé les surfaces minimales produites par les pellicules de savon pour concevoir le stade Olympiapark de Munich (1972).

6.9 Gyroïde

Le gyroïde est une surface labyrinthique qui crée de magnifiques couleurs et une sauce récalcitrante.

L'intérêt pour les surfaces minimales (voir 6.8) a été ravivé dans les années 1970 grâce à une découverte d'Alan Schoen, un scientifique qui travaillait pour la NASA sur les structures ultralégères. Il découvrit le **gyroïde**, une surface minimale qui divise l'espace en labyrinthes torsadés. L'une des caractéristiques de cet objet est sa forme régulière répétée : il est composé d'un pavé élémentaire qui se répète dans chacune des trois directions.

Il peut s'avérer difficile de se représenter cette pièce, mais sa forme extrêmement complexe est très répandue dans la nature. Les magnifiques reflets irisés des ailes d'un papillon sont provoqués par les variations périodiques de la lumière dispersée par les petites structures en écaille de leur surface. Chez plusieurs espèces, cette structure régulière a la forme d'un gyroïde. Ces formes ont également été observées dans des membranes cellulaires, ainsi que dans certains types de plastique et de caoutchouc.

Les gyroïdes peuvent également expliquer pourquoi il est si difficile de faire sortir du ketchup d'une bouteille en verre. Des imperfections dans la forme régulière du gyroïde ont un effet important sur l'écoulement, ce qui explique le caractère récalcitrant de ce condiment.

La possibilité d'assembler des gyroïdes à partir d'un pavé élémentaire en fait un domaine intéressant pour la nanotechnologie.

Blocs de construction du gyroïde

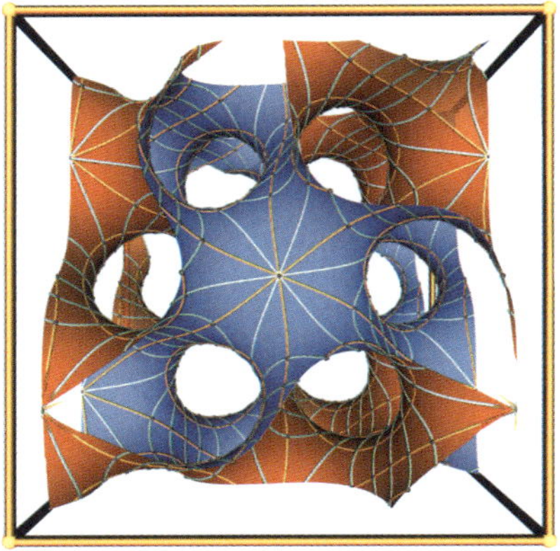

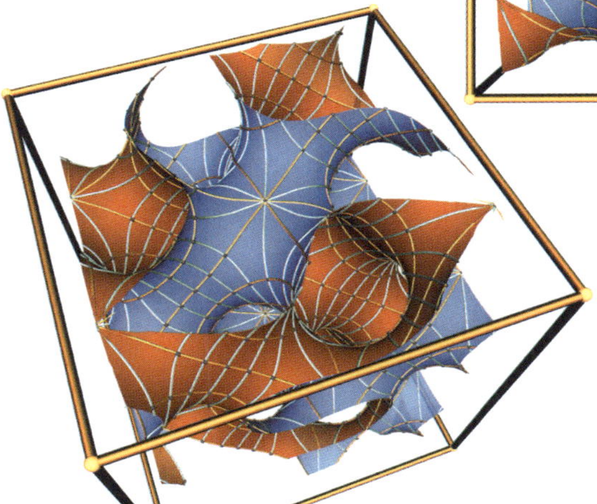

Le gyroïde peut s'assembler à partir d'un pavé élémentaire qui se répète indéfiniment dans trois directions. La surface produite sépare l'espace en deux passages labyrinthiques entremêlés.

6.10 La relativité générale

En 1915, la théorie de la relativité générale d'Albert Einstein changea la façon dont nous envisageons l'Univers : la gravité n'est pas une force, mais la courbure de l'espace-temps.

La plupart d'entre nous découvrent la gravité à travers la descritpion qu'en a faite Isaac Newton (1642–1727) : deux objets exercent une force gravitationnelle l'un sur l'autre, proportionnelle au produit de leurs masses divisé par le carré de la distance qui les sépare.

Cette description est correcte, elle apporte des réponses qui correspondent à notre expérience de la gravité. Elle a aussi suffi à la science pendant plus de deux siècles. Cependant, Albert Einstein (1879–1955) s'est rendu compte que la théorie de Newton ne pouvait pas être correcte. Imaginons que le Soleil explose. En raison du temps nécessaire à sa lumière pour atteindre la Terre, nous ne serions au courant du désastre que huit minutes plus tard alors que, d'après la théorie de Newton, nous devrions ressentir instantanément la perte de gravité du Soleil.

Ceci pose un problème car, en 1905, dans sa théorie de la relativité restreinte, Einstein avait démontré que rien ne se déplace plus vite que la lumière, pas même les informations. Or, la perte instantanée de la gravité du Soleil aurait contredit cette théorie.

Einstein a donc changé sa façon d'envisager l'espace et la gravité, affirmant qu'on ne doit pas faire de distinction entre l'espace et le temps, mais les envisager comme deux parties d'une même notion : l'**espace-temps**. La gravité est le résultat de la déformation de l'espace-temps par la matière.

« L'espace et le temps sont des modes par lesquels nous pensons et non des conditions dans lesquelles nous vivons. »
Albert Einstein

Déformation de l'espace-temps

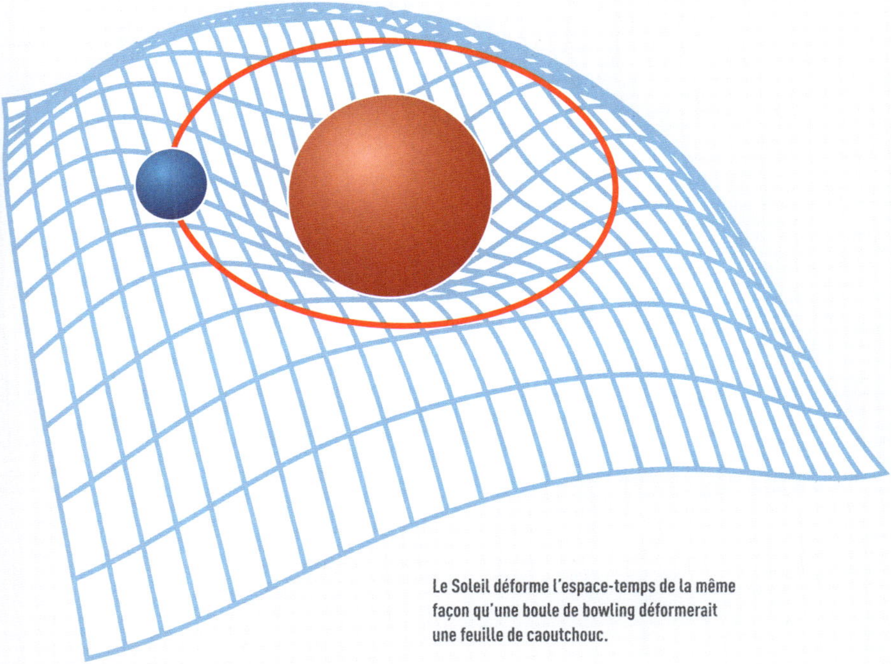

Le Soleil déforme l'espace-temps de la même façon qu'une boule de bowling déformerait une feuille de caoutchouc.

Le Soleil déforme l'espace-temps. La courbe qu'il crée fait qu'un objet qui se déplacerait dans sa direction roulerait le long de la courbe et se déplacerait autour du Soleil comme une bille formant des cercles dans un bol.

MOTIFS ET SYMÉTRIE

Le théoricien G. H. Hardy (1877–1947) a déclaré : « Le mathématicien, comme le peintre ou le poète, est un créateur de formes. Si les formes qu'il crée sont durables, c'est qu'elles sont faites d'idées. »

Cette citation illustre ce que de nombreux mathématiciens pensent de leur art : les mathématiques sont le langage des motifs et des formes. Certains de ces motifs, comme la magnifique symétrie d'un flocon de neige, sont clairement visibles, alors que d'autres le sont moins. Ils sont dissimulés dans des structures mathématiques qui décrivent le monde dans lequel nous vivons.

Ce chapitre aborde les thèmes du visible et de l'invisible. Nous commencerons par le concept de symétrie, que tous les enfants sont capables d'appréhender et que certains considèrent comme un prérequis à la beauté. Nous verrons pourquoi il existe autant de manières de carreler sa salle de bains et pourquoi le nombre de motifs de papier peint que l'on peut choisir pour décorer son salon est limité. Nous découvrirons le différend qui a opposé un mathématicien célèbre à la marque Kleenex au sujet d'un motif de papier toilette composé de pavés qui ne se répètent jamais.

Nous explorerons ensuite les symétries cachées dans les équations, les problèmes mathématiques et les autres structures abstraites. Nous verrons comment elles peuvent aider à résoudre un problème et quel est leur lien avec les lois fondamentales de la physique. Nous présenterons également l'étude abstraite de la symétrie, qui implique deux mathématiciens décédés très jeunes (voir p. 70), et nous verrons comment elle a engendré la preuve mathématique la plus importante de toute l'histoire.

Sommaire

7.1 Symétrie contre changement

Notre compréhension de la symétrie est intuitive, alors que les mathématiques en ont une définition précise.

Prenez un carré épinglé en son centre sur une feuille de papier. Fermez les yeux et faites pivoter le carré de 45 degrés, soit un huitième de tour. Ouvrez les yeux : vous constatez une différence. Maintenant, faites pivoter le carré de 90 degrés, soit un quart de tour : la forme semble inchangée.

La **symétrie** est une opération que vous pouvez réaliser sur un objet sans le modifier. Le carré de notre exemple n'est pas affecté par une rotation de 90 degrés, mais il l'est en revanche par une rotation de 45 degrés, car il possède **quatre axes de symétrie** et non **huit**.

La symétrie, qui peut revêtir plusieurs formes, existe dans de nombreux objets. La symétrie des objets réels peut être de deux types : de rotation et de réflexion. Mais les objets mathématiques, même les équations, peuvent également présenter des symétries, par exemple la résistance au changement des variables.

Les humains sont supposés apprécier naturellement la symétrie. Nous la trouvons facile à détecter et certaines expériences étudient dans quelle mesure nous la préférons (nous trouvons des visages symétriques plus attirants que des visages asymétriques). Mais le manque de symétrie joue également un rôle important en matière d'esthétique, car notre œil est automatiquement attiré par les endroits où la symétrie est rompue.

Les pierres sphériques aux gravures symétriques de la période néolithique en Écosse constituent un exemple précoce de notre fascination pour la symétrie.

La symétrie est courante dans la nature. La symétrie de réflexion est illustrée quasiment à la perfection par le visage d'un tigre. Cependant, l'asymétrie est également importante, par exemple dans la chiralité des protéines de notre corps.

7.2 Mouvements rigides

Quels traitements pouvez-vous infliger à une feuille de papier sans déformer l'image dessinée dessus ?

Il est évident que vous ne pouvez pas plier la feuille, la froisser ni l'étirer. Vous pouvez toutefois la faire glisser sur une certaine distance ou dans une certaine direction. Ce type de transformation est une **translation**. Vous pouvez également appuyer votre pouce sur la feuille afin de maintenir un de ses points, puis la faire pivoter autour de ce point. C'est ce que l'on appelle une **rotation**. Une autre possibilité consiste à tracer une ligne sur le papier et à refléter l'image sur cette ligne, la transformant en image miroir d'elle-même.

Existe-t-il d'autres opérations plus complexes ? La réponse est non. Une transformation qui préserve les distances entre des points sur le plan est un **mouvement rigide**. Il n'en existe que quatre types : les translations, les rotations, la réflexion et les **glissements**. Ces derniers consistent en une réflexion suivie d'une translation dans une direction parallèle à l'axe de réflexion.

Les mouvements rigides nous permettent d'exprimer ce que signifie la **symétrie** d'une forme : elle reste identique lorsque nous lui appliquons une réflexion, une rotation, une translation ou un glissement.

Un papillon présente une symétrie en miroir, un flocon de neige une symétrie par rotation d'ordre six.

Mouvements rigides

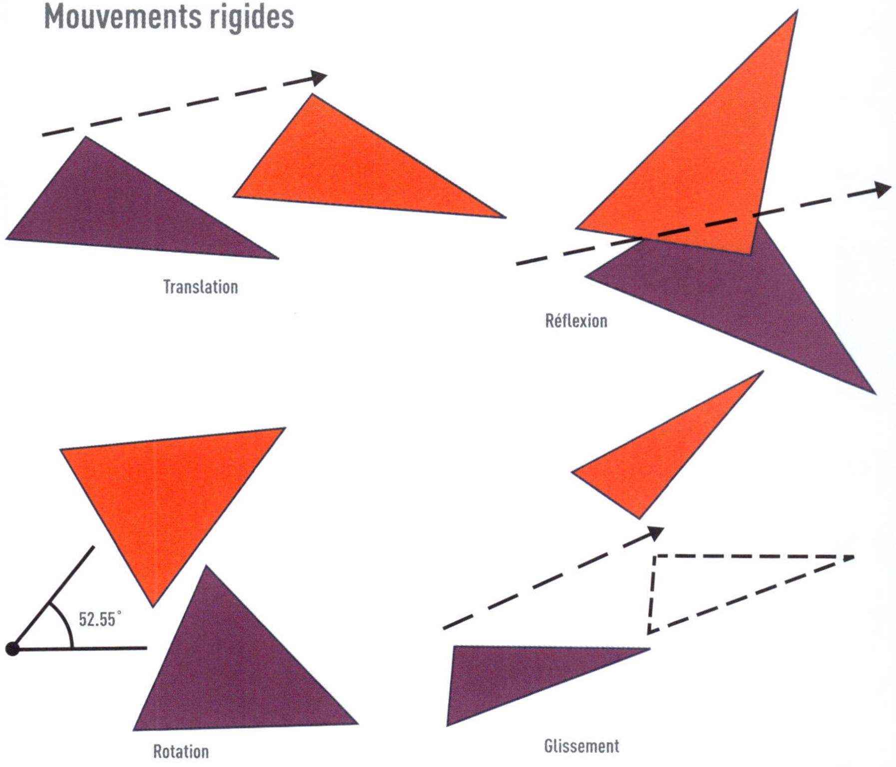

Les mouvements rigides nous permettent d'exprimer ce que nous voulons généralement dire lorsque nous affirmons qu'une forme est symétrique : elle reste identique lorsque nous lui appliquons une réflexion, une rotation, une translation ou un glissement.

7.3 Motifs de frise

On peut caractériser les motifs selon les symétries qu'ils contiennent. Même en étant composés d'éléments très différents, deux motifs peuvent présenter les mêmes types de symétrie.

Les motifs de frise apparaissent dans les rubans, les bandes décoratives sur les bâtiments et même dans nos propres empreintes de pas. Ce type de motif arbore une **symétrie de translation** (voir 7.2) : c'est-à-dire que si on fait glisser le motif sur une distance donnée, il reste inchangé.

Les mathématiciens caractérisent les motifs de frise selon les symétries qu'ils contiennent. Le motif le plus simple présente uniquement une symétrie de translation. D'autres contiennent de nombreux types de symétrie : une symétrie de translation, horizontale et verticale (le bloc reste inchangé lorsqu'il est réfléchi sur une ligne horizontale ou verticale), et une symétrie de rotation. Le motif qui correspond à nos traces de pas est une symétrie de glissement, où le motif reste identique une fois qu'on l'a fait glisser, puis qu'on l'a réfléchi sur une ligne horizontale.

Il existe sept manières de combiner ces symétries, qui donnent naissance à sept groupes de frises. Ceux-ci ont été découverts par des artistes il y a plusieurs siècles et la plupart sont visibles dans la décoration des bâtiments anciens. Cependant, les mathématiciens ne sont parvenus à prouver l'exclusivité de ces sept groupes de frises qu'au XIXe siècle.

Les exemples les plus anciens des sept groupes de frises viennent du Paléolithique : entre 25000 et 10000 avant J.-C.

Les sept groupes

Groupe 1
(symétrie par translation)

Groupe 2
(symétrie par translation et glissement)

Groupe 3
(symétrie par translation et symétrie horizontale)

Groupe 4
(symétrie par translation et symétrie verticale)

Groupe 5
(symétrie par translation et rotation)

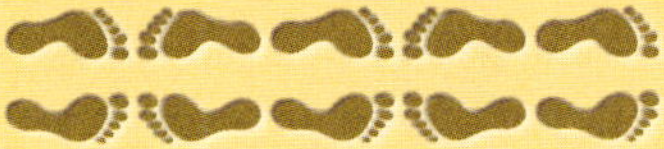

Groupe 6
(symétrie par translation, rotation, symétrie horizontale et verticale)

Groupe 7
(symétrie par translation, rotation, glissement et symétrie verticale)

Il existe sept types de motifs de frise. Tous fonctionnent par symétrie de translation, et certains ajoutent une symétrie de rotation ou de glissement, une symétrie horizontale ou verticale.

7.4 Motifs de papier peint

Au vu de la variété presque infinie de motifs de papier peint, il peut sembler surprenant que les mathématiciens n'en reconnaissent que 17 types différents.

Pour les mathématiciens, dans un motif de papier peint, il y a un bloc de base, par exemple une rose, qui se répète indéfiniment dans deux directions. Puisque l'on peut le déplacer dans ces deux directions sans le modifier, ce motif possède deux symétries de translation. Mais il peut également contenir des symétries de réflexion et de rotation, ainsi que des symétries de réflexion avec glissement.

Même si le papier peint démodé peut sembler très différent des motifs modernes que vous avez choisis pour votre salon, les deux sont probablement identiques dans les symétries qu'ils présentent. Après avoir étudié toutes les possibilités, les mathématiciens ont identifié un total de 17 **groupes de papier peint**, chacun doté d'une configuration de symétries particulière. Ces motifs font l'objet de certaines restrictions. Par exemple, les rotations d'un motif de papier peint peuvent uniquement contenir des angles de 60, 90, 120 et 180 degrés. On ne peut assembler les blocs de base pour composer un motif doté d'une autre symétrie de rotation. C'est un phénomène que nous retrouverons dans le carrelage (voir 7.5).

Le mathématicien russe Evgraf Fedorov (1853–1919) a prouvé qu'il existait exactement 17 groupes de papier peint en 1891. Son autre casquette de chimiste explique sa découverte, car ces derniers font appel aux symétries pour comprendre le comportement des composés chimiques.

Au moins 14 des 17 motifs de papier peint sont visibles au palais de l'Alhambra à Grenade (Espagne).

Ce motif d'étoile répété orne des panneaux muraux du palais de l'Alhambra à Grenade, en Espagne.

7.5 Carrelages

Vous êtes-vous déjà demandé pourquoi la plupart des carrelages de salle de bains sont carrés ? Voici la réponse.

Rares sont les polygones réguliers (voir 2.2) qui peuvent carreler un plan. Les seuls candidats sont les triangles équilatéraux, les carrés et les hexagones réguliers, qui s'assemblent pour former un motif d'alvéoles de ruche.

Si vous essayez d'assembler des pentagones réguliers, vous vous rendrez compte que c'est impossible. Il est facile de comprendre pourquoi. Les angles internes dans les coins d'un pentagone régulier font 108 degrés. Pour que les coins de carreaux adjacents se rencontrent tous en un point, il est nécessaire de placer un nombre donné de carreaux autour de ce point, de sorte que leurs angles totalisent 360 degrés. Trois pentagones ensemble produisent $108 \times 3 = 324$ degrés, ce qui est insuffisant et entraîne un écart. Quatre pentagones produisent $108 \times 4 = 432$ degrés, ce qui est trop et provoque un chevauchement. C'est sans espoir.

Supposons que l'on décale les carreaux les uns par rapport aux autres, de sorte que le coin d'un carreau puisse se situer le long d'un côté de son voisin. Étant droit, ce côté occupe 180 degrés. Ensuite, un seul pentagone placé avec son coin le long du côté occupe encore 108 degrés. Cela laisse $180 - 108 = 72$ degrés à combler, ce qui ne suffit pas pour accueillir un autre pentagone. On peut démontrer par la même méthode qu'aucun polygone régulier à plus de six côtés ne peut carreler un plan.

Un plus grand nombre de possibilités existe si les carreaux ne sont pas des polygones réguliers, mais de simples rectangles ou des étoiles (voir 7.6).

Motifs de carrelage

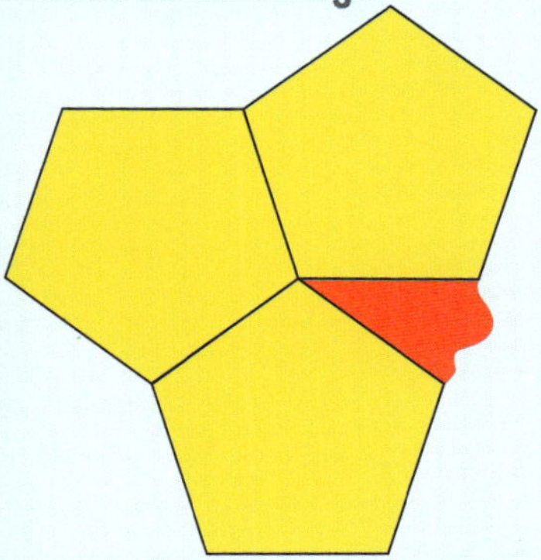

Trois pentagones laissent un écart.

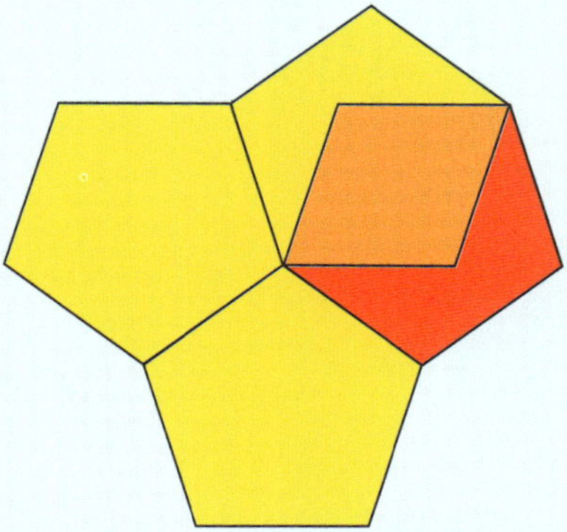

Quatre pentagones se chevauchent.

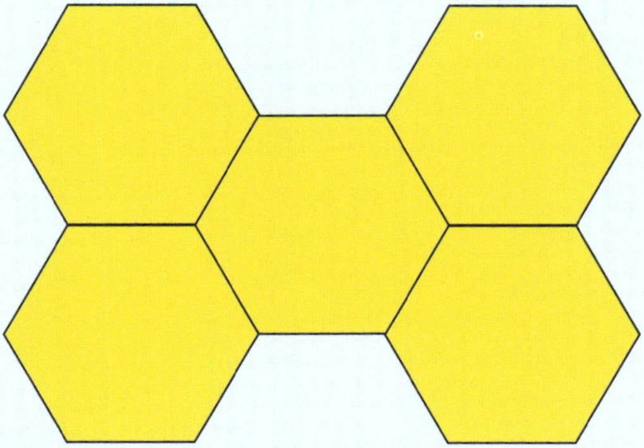

Parmi toutes les façons de diviser une surface en cellules d'aire égale, le motif d'hexagones en alvéoles possède le périmètre le plus petit.

Alors que les pentagones sont des polygones mal adaptés au carrelage, les hexagones réguliers, quant à eux, forment le motif en alvéoles que nous connaissons bien.

7.6 Pavages apériodiques

Il est plus difficile qu'on ne l'imagine de créer des pavages qui ne se répètent pas.

La plupart des carrelages du plan qui viennent à l'esprit sont périodiques : composés d'une unité de base répétée dans toutes les directions.

Il est néanmoins possible de créer des pavés non périodiques. Par exemple, imaginons des pavés carrés, que l'on divise en deux rectangles de taille égale par une ligne verticale pour tous les carreaux, sauf un. Pour le dernier carré, la ligne est horizontale. Quelle que soit la direction dans laquelle on se déplace, on ne tombe jamais deux fois sur un carré divisé par une ligne horizontale, le pavage est donc dit non périodique. Cet exemple n'est toutefois pas passionnant, car une seule petite différence rend le carrelage **non périodique** et les rectangles utilisés pourraient tout aussi bien créer un pavage périodique.

La question est de savoir s'il existe des ensembles de carreaux qui peuvent produire uniquement du pavage apériodique. La réponse est oui. Les pavages de Penrose, présentés ci-contre, baptisés d'après le mathématicien, physicien et philosophe anglais Roger Penrose, en sont un exemple. Le losange étroit et le large ne peuvent pas servir à créer un carrelage périodique, mais ils produisent un pavage non périodique. À la différence de notre exemple ci-dessus, ce carrelage ne contient pas de grandes pièces périodiques. Les pavages présentant cette propriété sont dits **apériodiques**.

En 1997, Penrose attaqua la société Kleenex pour avoir utilisé ses pavages comme motif de papier toilette. La justice lui donna raison.

Ensembles de carreaux apériodiques

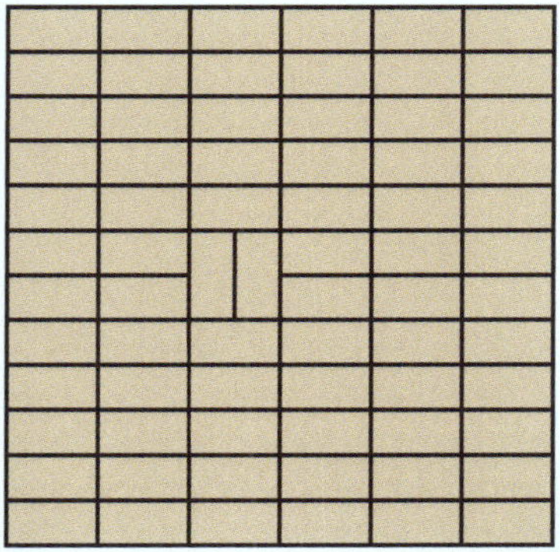

Carrelage non périodique

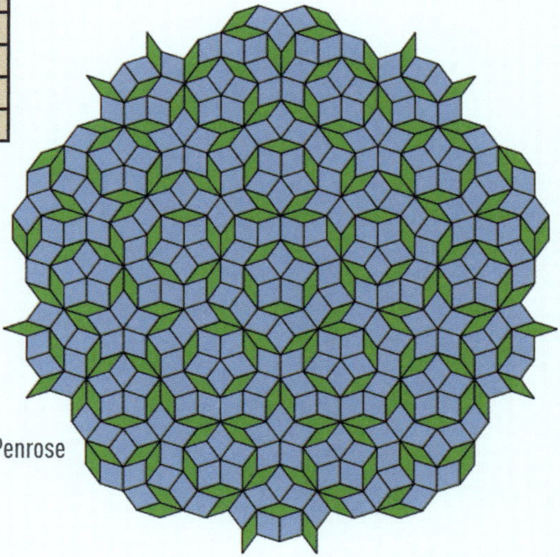

Pavage de Penrose

L'image du haut présente un carrelage non périodique : quelle que soit la direction dans laquelle on se déplace, on ne voit jamais le même motif deux fois. Le pavage de Penrose (en bas) est apériodique.

7.7 Solutions symétriques

Certains problèmes peuvent présenter des symétries. En être conscient peut aider à trouver des solutions.

Si vous aimez le sudoku, vous serez heureux d'apprendre qu'il existe quelque 6 670 903 752 021 072 936 960 façons différentes de remplir une grille de sudoku vide. Chacune de ces manières correspond à la solution d'un problème, ce qui laisse présager une infinité de jeux à jouer.

Oui, mais... Si l'on prend une grille complétée, on peut en créer une seconde en faisant pivoter tous les nombres de la première grille de 90 degrés ou en les reflétant selon la ligne de symétrie verticale du carré. Une fois toutes les symétries prises en compte, il ne reste que 5 472 730 538 solutions majoritairement différentes, soit un nombre nettement inférieur de problèmes essentiellement différents.

Nous avons découvert ici que certains problèmes possèdent des solutions symétriques : une fois que vous avez trouvé une solution, vous pouvez en créer une autre simplement en échangeant, dans une certaine mesure, les « composantes » du problème (des nombres, dans le cas du sudoku).

Il peut s'avérer utile de connaître ces symétries lorsqu'il s'agit de résoudre un problème soumis à des contraintes, par exemple, lors de la création de fiches horaires ou de l'attribution de ressources.

Les équations peuvent également admettre des solutions symétriques : x et $-x$ sont deux solutions de $y = x^2$.

La symétrie dans le sudoku

1	2	5	3	7	8	9	4	7
3	7	8	9	6	4	2	1	5
4	9	6	1	2	5	8	3	7
2	6	9	4	5	3	1	7	8
8	4	1	7	9	2	6	5	3
5	3	7	8	1	6	4	9	2
9	1	2	5	8	7	3	6	4
6	5	3	2	4	9	7	8	1
7	8	4	6	3	1	5	2	9

7	6	9	5	8	2	4	3	1
8	5	1	3	4	6	9	7	2
4	3	2	7	1	9	6	8	5
6	2	5	8	7	4	1	9	3
3	4	8	1	9	5	2	6	7
1	9	7	6	2	3	5	4	8
5	7	3	4	6	1	8	2	9
2	8	6	9	5	7	3	1	4
9	1	4	2	3	8	7	5	7

Dans cet exemple, la deuxième grille correspond à la première grille pivotée de 90 degrés dans le sens des aiguilles d'une montre.

Lorsque l'on programme un ordinateur pour qu'il crée des grilles de solutions de sudoku, le fait de tenir compte de la symétrie empêche le programme de perdre un temps précieux à chercher des solutions qui sont essentiellement identiques.

7.8 Théorème de Noether

Vous savez peut-être qu'en physique, certaines quantités sont toujours conservées. Le théorème de Noether nous apprend que ces lois de conservation sont étroitement liées à la symétrie.

L'énergie est un exemple de quantité conservée. Lorsqu'une boule de billard frappe une autre boule puis s'arrête, son énergie n'a pas été perdue, mais transférée à l'autre boule. Parmi les autres exemples de quantités conservées, citons l'**accélération** (une mesure de la « quantité de mouvement » présente dans un objet se déplaçant sur une ligne droite) et l'**accélération angulaire** (l'analogue du mouvement de rotation). L'accélération de la première boule de billard ne disparaît pas, mais elle est transférée à la deuxième, et il en irait de même si les boules se déplaçaient dans un mouvement circulaire.

Le théorème de Noether affirme que ces lois de conservation correspondent à des symétries. Si un système physique (une table de billard avec des boules) a le même comportement quelle que soit son orientation dans l'espace, et présente une symétrie de rotation, l'accélération angulaire est préservée. Si un système a le même comportement quelle que soit sa localisation dans l'espace, il présente une symétrie de translation, qui entraîne la préservation de l'accélération. Si son comportement reste le même indépendamment du moment où il survient dans le temps, présentant une symétrie de translation dans le temps, cela implique la conservation de l'énergie.

Le théorème de Noether montre qu'il existe un lien étroit entre physique et symétrie. Les théories physiques modernes qui décrivent les blocs de construction fondamentaux de la nature s'appuient toutes sur le concept de symétrie.

Albert Einstein a qualifié Emmy Noether de « génie mathématique créatif ».

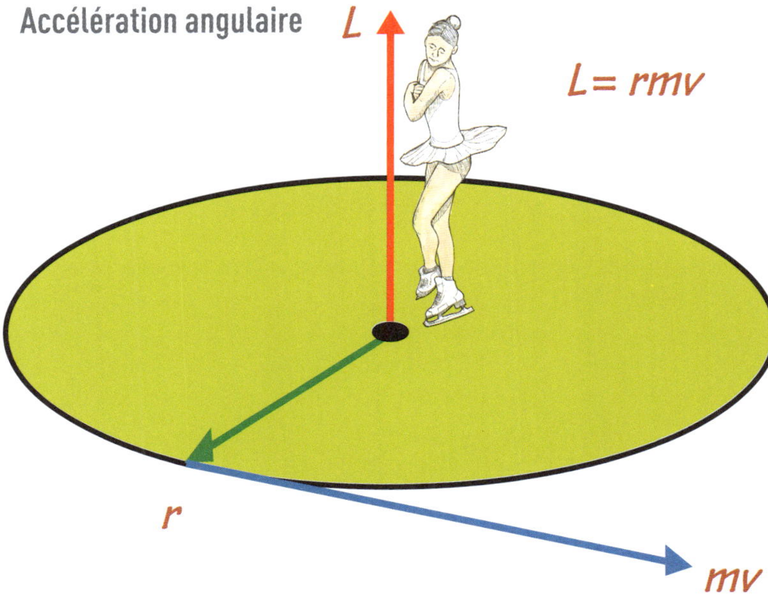

La grandeur de l'accélération angulaire (*L*)
dépend de la vitesse de la rotation (*v*)
et de la taille de l'objet, mesurée par
la distance par rapport au centre de la rotation (*r*).

La conservation de l'accélération angulaire explique pourquoi, par exemple, la vitesse d'une patineuse artistique qui tourne augmente lorsqu'elle a les bras près du corps : lorsque la distance (*r*) diminue, la vitesse (*v*) doit augmenter pour que l'accélération angulaire (*L*) reste constante.

7.9 Théorie des groupes

Des ensembles de symétries forment des structures intéressantes qui se manifestent en mathématiques et en science.

Chaque fois que l'on applique une symétrie à un objet, par exemple une réflexion à un carré, suivie d'une autre symétrie, par exemple une rotation, le résultat est aussi une symétrie. La raison en est que lorsqu'on laisse une chose inchangée deux fois, celle-ci reste identique dans sa globalité. En outre, toute symétrie peut être « défaite » par une autre symétrie. Par exemple, une rotation dans le sens des aiguilles d'une montre à un angle donné peut être annulée par la rotation correspondante dans le sens inverse. L'opération consistant à ne rien faire représente aussi une symétrie.

Les mathématiciens ont sorti ces propriétés (plus une quatrième) de leur contexte spécifique pour définir des structures générales appelées **groupes**. Un groupe est un ensemble d'objets (qui peuvent être de natures diverses) avec une opération d'association de deux objets (signalée par le signe +) qui respecte les règles suivantes :

1. Si a et b sont des objets du groupe, $a + b$ en est un aussi.
2. Il existe un objet d'identité e tel que, pour tous les autres objets a, $a + e = e + a = a$ (e correspond à « ne rien faire »).
3. Chaque objet a possède un inverse b de sorte que $a + b = e$.
4. $(a + b) + c = a + (b + c)$ (lorsque vous combinez trois objets dans un ordre quelconque, peu importe la paire formée en premier).

L'ensemble des nombres entiers, avec l'opération d'addition, forme un groupe car il respecte ces quatre règles.

Groupes de Lie

Ceci est une illustration du groupe de Lie exceptionnel E_8, qui est important en physique.

Les résultats de la théorie des groupes peuvent s'appliquer à tous les contextes dans lesquels des groupes peuvent apparaître, depuis la recherche de symétries d'une forme jusqu'aux symétries trouvées dans les équations de physique.

7.10 Groupes simples finis

Une fois que les mathématiciens ont défini les groupes comme des structures abstraites, ils se sont demandé quels types de groupes différents pouvaient exister. Cela donna lieu à la démonstration la plus longue de l'histoire des mathématiques.

Tout comme il est possible d'exprimer des nombres naturels comme étant le produit de nombres premiers (voir 1.5), un groupe peut être divisé en groupes composants, qui eux-mêmes ne peuvent pas être subdivisés davantage. Ces composants sont appelés des **groupes simples**. Afin de comprendre les différentes structures que peut posséder un groupe, les mathématiciens ont imaginé dans les années 1970 une classification de tous les groupes simples finis, à savoir tous les groupes simples composés d'un nombre fini d'objets.

La tâche s'est révélée titanesque. La classification, ainsi que la preuve qu'elle est complète et correcte, occupait plus de 10 000 pages. Elle fut publiée dans environ 500 articles de revues et réunit plus de 100 auteurs à travers le monde. Des erreurs trouvées dans la démonstration initiale ont mis sept ans à être résolues et ont fait l'objet d'autres livres.

La classification, terminée définitivement en 2004, identifie 18 familles infinies de groupes simples finis et 26 autres groupes individuels, dits groupes sporadiques, n'entrant pas dans les 18 familles. Au moment où nous écrivons ces lignes, seuls quelques mathématiciens dans le monde comprennent toute la démonstration. Ils travaillent sans relâche à trouver une version plus simple afin que les simples mortels puissent également l'appréhender.

Le plus grand groupe sporadique, « le Monstre », se compose de 808 017 424 794 512 875 886 459 904 961 710 757 005 754 368 000 000 000 objets.

Tic-tac

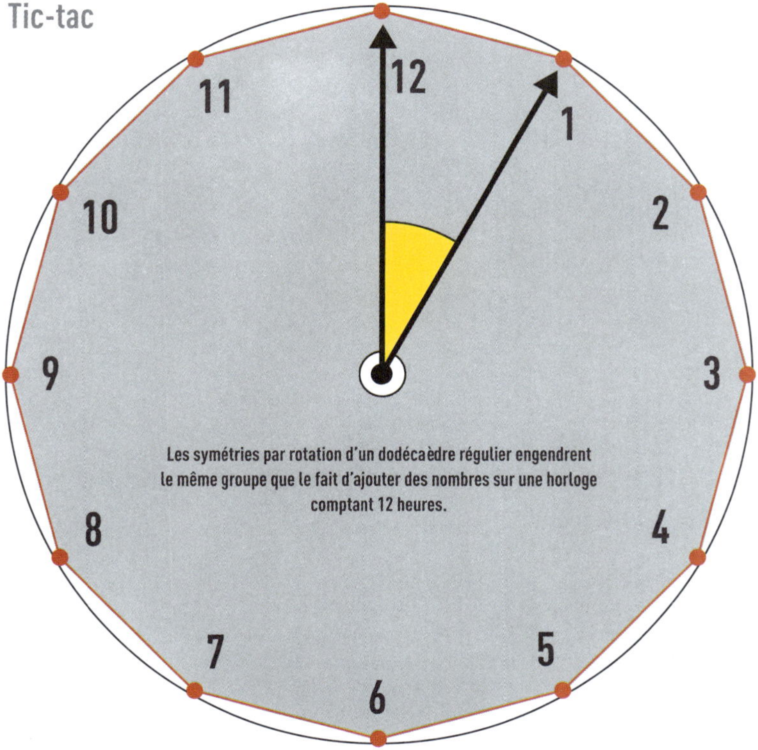

Les symétries par rotation d'un dodécaèdre régulier engendrent le même groupe que le fait d'ajouter des nombres sur une horloge comptant 12 heures.

Quels autres types de groupes abstraits existent outre celui représenté ci-dessus, modélisé sur un dodécaèdre ? C'est le genre de question à laquelle tente de répondre la classification des groupes simples finis.

8

CHANGEMENT

Les mathématiques nous offrent des méthodes efficaces et précises pour décrire le changement. Ce chapitre commence par les relations de récurrence, notamment les équations qui décrivent la relation entre la valeur d'une chose cette année, par exemple la taille d'une population d'animaux, et cette même valeur l'année suivante. Cette description du changement dans le temps est un exemple de système dynamique.

Ces équations peuvent présenter une grande diversité de comportements. Par exemple, une population décrite par une équation donnée peut correspondre à un ensemble de valeurs répétées de façon cyclique. Ou alors, elle peut se stabiliser à une valeur donnée, appelée attracteur du système. Le célèbre attracteur de Lorenz ressemble à un papillon, mais il n'est toutefois pas à l'origine de l'effet papillon. Ce dernier a été utilisé par Lorenz pour illustrer la sensibilité de certains modèles mathématiques : si on lance dans un modèle deux simulations avec des points de départ qui diffèrent légèrement (de l'équivalent du battement d'ailes d'un papillon), les résultats peuvent diverger considérablement.

Cette sensibilité est typique du chaos mathématique. Celui-ci explique pourquoi certains systèmes dynamiques sont si difficiles à décrire ou prédire. Par exemple, les modèles utilisés pour prévoir la météo peuvent être chaotiques. Lorenz a découvert l'effet papillon en réalisant des simulations informatiques de modèles météorologiques. Les prévisions sont modélisées grâce à des équations différentielles décrivant la relation entre les changements de pression et de vitesse dans n'importe quel fluide. Elles sont extrêmement difficiles à résoudre dans une situation donnée et les apprivoiser pourrait vous faire remporter un million de dollars.

Sommaire

8.1 Relations de récurrence

Comment prédire le futur en s'appuyant sur des événements passés.

Prenons un groupe d'animaux et supposons que l'on souhaite estimer leur nombre l'année prochaine. Vous savez que, si les animaux sont peu nombreux, ils disposent de suffisamment d'espace et de nourriture et que leur population va augmenter. S'ils sont très nombreux, en revanche, la nourriture se fera plus rare et la population diminuera. Voici un exemple d'équation qui décrit ce type de situation :

$$p_{\text{année prochaine}} = 2p_{\text{cette année}}(1 - p_{\text{cette année}}).$$

Ici, $p_{\text{année prochaine}}$ et $p_{\text{cette année}}$ correspondent aux proportions d'animaux vivants (cette année et l'année prochaine) par rapport à un nombre maximal possible. Cette équation est un exemple de **relation de récurrence**, dans laquelle la quantité mesurée à chaque étape dépend de la quantité précédente. Elle présente le comportement décrit ci-dessus. Si $p_{\text{cette année}}$ représente moins de la moitié, il y a possibilité de croissance, et $p_{\text{année prochaine}}$ sera plus important. Si $p_{\text{cette année}}$ représente plus de la moitié, les animaux sont en trop grand nombre et $p_{\text{année prochaine}}$ sera plus petit. Si $p_{\text{cette année}}$ représente exactement la moitié, la taille de la population sera inchangée.

Ce modèle simplifié ne décrit certainement pas toutes les populations animales, mais il constitue un exemple intéressant de **système dynamique déterministe**. À partir de n'importe quel groupe de départ, il est possible, en théorie, de calculer indéfiniment sa taille pour toutes les années à venir.

Le biologiste Robert May a été le premier à utiliser des équations de ce type pour modéliser la croissance démographique dans les années 1970.

Ce graphique illustre l'équation de l'exemple ci-contre : $y = 2x(1 - x)$.

Combien seront les zèbres l'année prochaine ? L'équation de notre exemple correspond à une suite logistique. En règle générale, les suites logistiques ont des équations qui prennent la forme $y = rx\,(1 - x)$, r étant un nombre réel.

8.2 Attracteurs

Le modèle de population du sujet 8.1 présente une caractéristique intéressante : la taille de la population se stabilise toujours à la même valeur après quelques années. Pourquoi ?

Quelle que soit la proportion de population de départ (à l'exception de 0 et 1), après quelques applications de l'équation du sujet 8.1, la proportion de la population sera proche de ½, et s'en rapprochera de plus en plus à mesure que l'équation sera appliquée. Ici, la valeur « ½ » est un **attracteur** du système.

De nombreux systèmes dynamiques possèdent des attracteurs. L'image ci-contre représente l'**attracteur de Lorenz**, résultat d'un ensemble d'équations qui déplacent des points dans l'espace en trois dimensions, en créant des trajectoires complexes. L'attracteur de Lorenz est connu pour sa forme délicate de papillon. En fait, sa structure complexe est celle d'une **fractale** (voir 10.3). Le mathématicien et météorologue Edward Lorenz a mis au point dans les années 1960 un système visant à comprendre le comportement de l'atmosphère terrestre.

Il est utile de trouver des attracteurs dans un système dynamique, car leur présence signifie que l'on peut mesurer le comportement à long terme du système (par exemple, la taille à laquelle se stabilisera une population), du moins pour les valeurs de départ qui sont attirées vers eux.

Edward Lorenz a popularisé l'expression « effet papillon » pour décrire le chaos mathématique (voir 8.4).

L'attracteur de Lorenz

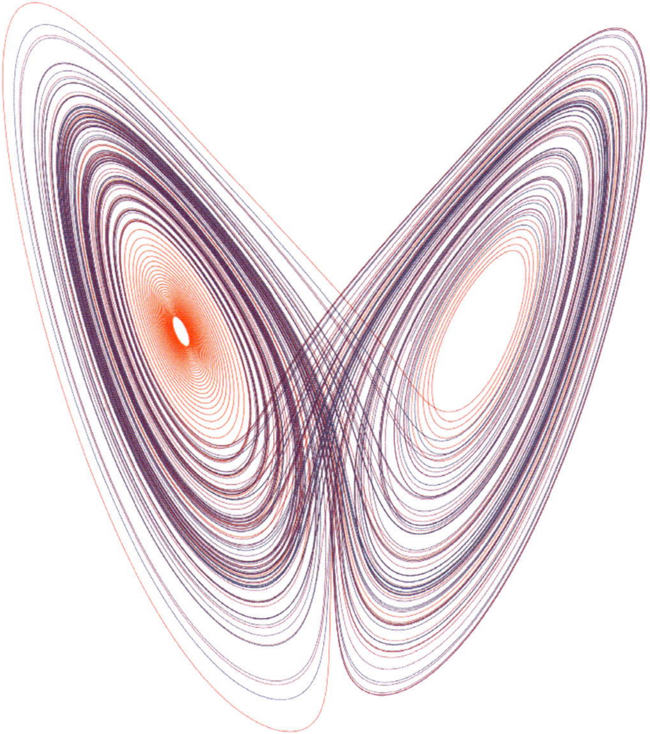

Les attracteurs dotés d'une structure fractale, comme celle représentée ci-dessus, sont appelés attracteurs étranges.

8.3 Périodicité

Même les systèmes dynamiques complexes peuvent adopter des motifs réguliers.

La trajectoire d'une boule sur une table de billard est généralement relativement complexe. Cependant, si vous projetez la boule sur l'un des côtés de la table de sorte qu'elle la frappe à angle droit (et en évitant la poche), vous pouvez créer une trajectoire très prévisible : la boule se déplacera d'avant en arrière indéfiniment entre deux points opposés. Dans une situation idéale, sans masse ni friction ralentissant sa course, la boule pourrait continuer ainsi sur sa lancée sans jamais s'arrêter.

Il s'agit d'un exemple de **périodicité** : un système dynamique adopte un motif régulier et le conserve à jamais. Ce comportement périodique peut s'observer dans de nombreux systèmes dynamiques. Les populations animales peuvent osciller entre deux valeurs ou plus, les planètes ont la même trajectoire immuable autour du Soleil et une onde sinusoïdale crée indéfiniment la même forme ondulante.

Un comportement périodique peut être stable – si l'on fait dévier légèrement le système de sa trajectoire périodique, il se stabilisera de nouveau rapidement. Il peut également être instable, comme un crayon en équilibre sur sa pointe, dont la trajectoire dévierait au moindre changement.

Les différentes phases lunaires sont un exemple de comportement périodique.

Trajectoire d'une boule de billard

Trajectoire prévisible d'une boule de billard projetée sur l'un des côtés de la table.

8.4 L'effet papillon

Le battement d'ailes d'un papillon au Brésil peut-il déclencher une tornade au Texas ?

C'est la question posée par Edward Lorenz (1917–2008) dans son célèbre article de 1972, qui présentait l'idée de l'**effet papillon**. Selon son raisonnement, deux situations météorologiques différant seulement de l'équivalent du battement d'ailes d'un papillon vont généralement, après un laps de temps suffisant, évoluer en deux situations totalement différentes.

Sur le plan mathématique, c'est ce que l'on appelle une **dépendance sensible aux conditions initiales**. Le principe est que, lorsque vous modélisez une situation donnée, si vous appliquez vos équations mathématiques à deux ensembles de valeurs de départ qui ne diffèrent que légèrement, vous pouvez obtenir des réponses très différentes. Lorenz le découvrit en 1961 en réalisant des simulations informatiques de prévisions météorologiques. Lors de la première simulation, il commença par une valeur de 0,506127. La deuxième fois, Lorenz tapa le nombre à la main, en l'arrondissant à 0,506. Personne à l'époque n'aurait pu imaginer qu'une différence aussi infime aurait un tel impact. Mais Lorenz fut surpris de découvrir qu'elle donnait lieu à des prévisions très différentes.

Cette sensibilité aux conditions de départ est devenue l'une des caractéristiques du chaos mathématique. Elle n'apparaît pas seulement dans les équations complexes utilisées pour modéliser le climat. Même de simples cartes logistiques telles que celles présentées au sujet 8.1 peuvent présenter un effet papillon.

Lorenz préférait au départ l'image d'une mouette provoquant une tempête, mais opta pour un papillon lorsque Philip Merilees lui suggéra le titre de son article de 1972.

Cette image présente un ensemble de Julia, qui est le résultat d'un système dynamique étroitement lié à la famille des suites logistiques. La dynamique présente l'effet papillon sur le contour de la forme complexe.

8.5 Chaos

Le chaos mathématique est la situation dans laquelle « le présent détermine le futur, mais le présent approximatif ne détermine pas approximativement le futur » (Edward Lorenz).

Lorsque les mathématiciens parlent de chaos dans un système dynamique, ils évoquent généralement le fait que le système présente une dépendance sensible aux conditions de départ (voir 8.4). Cela signifie qu'un changement infime des conditions de départ (par exemple, la météo du jour) peut engendrer des résultats très différents ultérieurement (la météo du mois suivant).

Afin de comprendre en quoi le chaos est intéressant, il convient de remarquer qu'il peut survenir dans des **systèmes totalement déterministes**, ceux qui n'impliquent aucune notion de hasard. Par exemple, si vous connaissez les lois de la physique, vous devez être capable de calculer exactement la trajectoire d'une boule sur une table de billard (voir 8.3). Dans la réalité, cependant, la boule n'est pas un simple point imaginé pour les cours de physique. En effet, dans la pratique, il est impossible de figer les conditions de départ, à savoir la localisation de la boule et la force avec laquelle vous la frappez, avec une précision de 100 %. L'imprécision la plus minime pouvant avoir un effet boule de neige, la trajectoire que vous avez calculée et la véritable trajectoire peuvent diverger considérablement. Même un système déterministe peut s'avérer imprévisible, même l'ordre parfait peut se transformer en chaos.

Le chaos mathématique fait que nous éprouvons des difficultés à prévoir certains phénomènes, comme la météo ou les fluctuations de la Bourse.

Les mathématiciens ne sont parvenus à apprécier pleinement le chaos qu'à partir des années 1960, avec l'apparition des ordinateurs.

Les pendules doubles offrent une illustration physique frappante d'un comportement chaotique, présenté dans cette image de Michael G. Devereux, qui a fixé des LED à chaque partie du pendule.

8.6 Prévisions météorologiques

Le fait de prévoir si vous aurez besoin de votre parapluie demain implique de dompter le chaos.

Le climat est le résultat d'interactions complexes entre l'atmosphère, les océans et l'énergie émanant du Soleil. Les prévisions météorologiques sont produites par des modèles mathématiques complexes qui décrivent ces interactions en s'appuyant sur les lois de la thermodynamique et les équations de Navier-Stokes (voir 8.10). Mais ces modèles climatiques sont chaotiques : une légère différence dans les conditions de départ peut engendrer des prévisions très différentes (voir 8.4). Pire encore, il est impossible de mesurer précisément les conditions de départ pour alimenter le modèle et lancer la prévision.

Les prévisionnistes commencent avec des mesures de paramètres tels que la température, le vent et la pression de l'air, prises à des points situés sur une grille tridimensionnelle à la surface du monde. Ces éléments sont utilisés comme points de départ du modèle qui simule par la suite le temps à venir. Pour surmonter la sensibilité aux conditions de départ, le modèle simule le climat plusieurs fois, en partant chaque fois de conditions de départ légèrement différentes. Cet ensemble de prévisions calcule la probabilité de différents cas de figure : si 30 % des simulations annoncent de la pluie pour demain, la prévision d'ensemble est une possibilité de pluie à 30 %.

Les superordinateurs utilisés pour les prévisions météorologiques peuvent effectuer plus de 16 000 trillions de calculs à la seconde.

Représentation graphique du climat

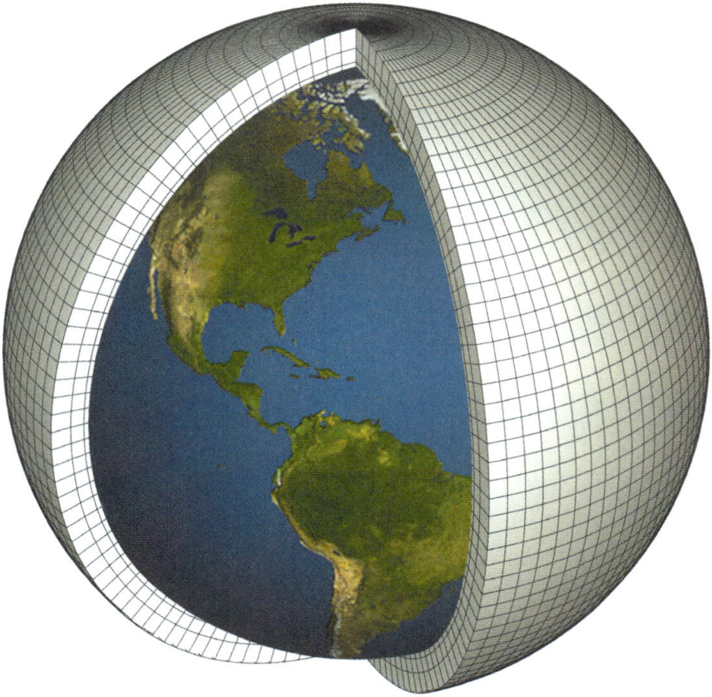

Les modèles de prévision météorologique s'appuient sur une grille en trois dimensions de la planète. L'espacement de la grille est beaucoup plus réduit sur des sites importants et densément peuplés et beaucoup plus grand ailleurs.

8.7 L'ensemble de Mandelbrot

L'ensemble de Mandelbrot est une structure étonnante. Quel que soit le grossissement que vous utilisez pour zoomer dessus, ses contours ont un aspect toujours aussi froissé.

L'ensemble de Mandelbrot est un exemple de fractale (voir 10.3), à la signification mathématique primordiale. Chaque point *p* de l'image ci-contre représente une équation *D*(*p*), qui décrit des points en déplacement sur le plan. Si *p* est situé dans l'ensemble de Mandelbrot, la trajectoire du point (0,0) sous les itérations de *D*(*p*) est confinée à une région finie du plan. Si *p* ne fait pas partie de l'ensemble de Mandelbrot, la trajectoire du point (0,0) sous les itérations de *D*(*p*) s'échappe vers l'infini. Cette simple dichotomie définit l'ensemble infiniment complexe de Mandelbrot.

Les systèmes dynamiques *D*(*p*) se trouvant à l'intérieur de la principale région noire de l'ensemble de Mandelbrot possèdent tous un point fixe qui est également un attracteur (voir 8.2 et 8.3). Ceux situés dans les régions noires attachées à la partie principale contiennent des attracteurs oscillant entre plusieurs valeurs. Les mathématiciens pensent qu'il en va de même que pour toutes les régions noires composant l'ensemble de Mandelbrot, pas seulement celles qui sont attachées à la principale. Mais personne n'a encore été capable de le prouver. Cela reste une question ouverte très importante pour la théorie des systèmes dynamiques.

L'ensemble de Mandelbrot doit son nom à Benoit Mandelbrot (1924–2010), qui l'a découvert, ainsi que de nombreuses autres fractales, dans les années 1970.

Systèmes dynamiques

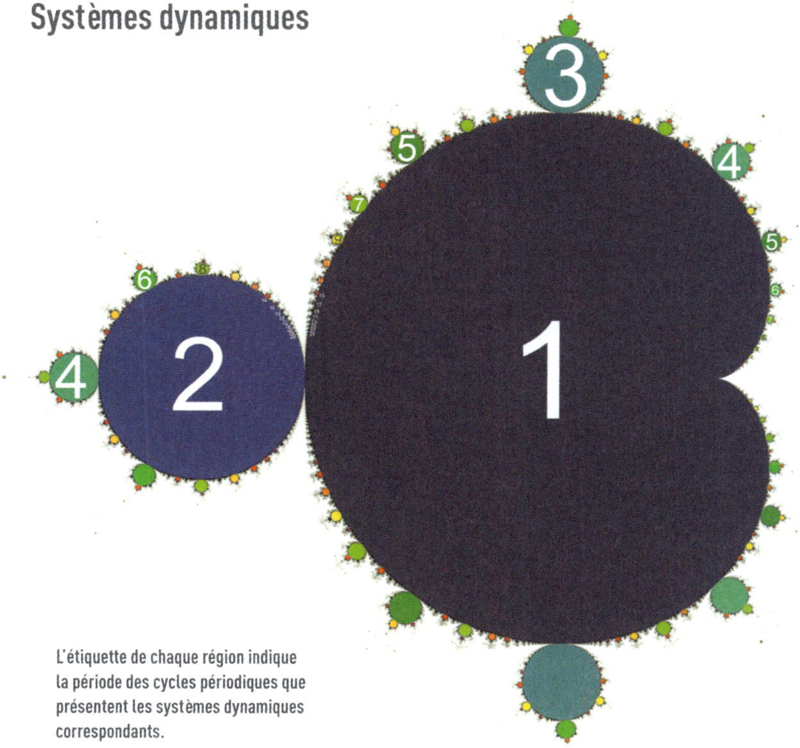

L'étiquette de chaque région indique la période des cycles périodiques que présentent les systèmes dynamiques correspondants.

Chaque point dans l'image ci-dessus représente un nombre complexe *p*, qui à son tour définit un système dynamique *D*(*p*) (comme expliqué ci-contre). L'ensemble de Mandelbrot est défini par le comportement des systèmes dynamiques *D*(*p*).

8.8 Le problème à trois corps

Lorsque Isaac Newton a décrit la gravité au XVIIe siècle, il a également découvert à son insu le premier exemple du chaos.

Il est possible de résoudre les équations de Newton pour deux grands corps (par exemple la Terre tournant autour du Soleil). Mais si l'on introduit un troisième élément dans l'équation, les ennuis commencent.

L'influence de la gravitation entre trois grands corps crée des complications et aucune formule générale ne peut offrir une description exacte de ces orbites à tout moment. En fait, ces systèmes à trois corps peuvent entraîner le chaos.

Cependant, si le troisième corps est petit comparé aux deux autres, de sorte que son influence gravitationnelle sur les deux premiers est négligeable, on peut décrire les orbites des trois corps dans certains cas particuliers, si le troisième corps plus petit reste dans une position fixe par rapport aux deux grands.

Les trois premiers cas particuliers furent découverts par le mathématicien Leonhard Euler au XVIIIe siècle. Ils décrivent les orbites d'un corps plus petit situé à trois points sur une ligne droite qui passe à travers les deux corps plus grands. À la même époque, ces trois cas furent également découverts par Joseph-Louis Lagrange (1736–1813), qui détermina en outre deux autres points qui placent le plus petit corps sur le troisième angle d'un triangle équilatéral qu'il formerait avec les deux plus grands.

Newton a affirmé qu'une solution exacte pour le déplacement de trois corps « dépasse les capacités de l'esprit humain ».

Points de Lagrange

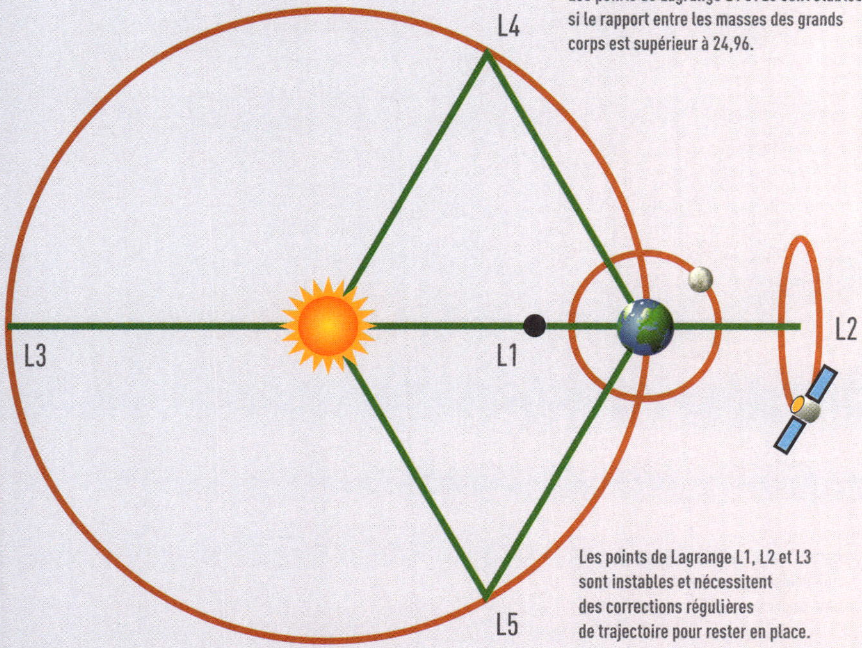

Les points de Lagrange L4 et L5 sont stables si le rapport entre les masses des grands corps est supérieur à 24,96.

Les points de Lagrange L1, L2 et L3 sont instables et nécessitent des corrections régulières de trajectoire pour rester en place.

Les astronomes utilisent les points de Lagrange pour les observatoires. Le satellite SOHO observe le Soleil en L1 et le satellite Planck observe l'espace lointain à partir de L2.

8.9 Équations différentielles

Les descriptions scientifiques du monde illustrent invariablement la façon dont les éléments qui nous intéressent (vitesse, direction, puissance et énergie) changent.

Si on lâche une balle du haut d'un bâtiment, à quelle vitesse tombera-t-elle après dix secondes ? Pour répondre à cette question, vous devez résoudre une **équation différentielle**, qui décrit la façon dont le changement d'une valeur varie par rapport à une variable donnée. Dans ce cas, l'équation différentielle décrit la façon dont la vitesse de la balle évolue dans le temps.

Si l'on ignore des complications comme la résistance du vent, nous savons que la dérivée de la vitesse d'un objet chutant correspond simplement à son accélération sous l'effet de la gravité : 9,8 mètres par seconde. Notre équation différentielle est donc la suivante :

$$v'(t) = 9{,}8$$

dans laquelle $v'(t)$ est la dérivée dans le temps de la vitesse de l'objet.

La solution d'une équation différentielle n'est pas un nombre. C'est une fonction, dans ce cas la fonction $v(t)$, qui décrit la vitesse de l'objet à un instant t. Pour les équations différentielles simples comme celles-ci, il existe des méthodes standards de recherche d'une solution (la solution à notre exemple est $v(t) = 9{,}8t$; après $t = 10$ secondes, la balle se déplace à 98 mètres par seconde). Il n'existe aucune méthode connue pour résoudre de nombreuses équations différentielles plus complexes.

L'étude par Newton des orbites gravitationnelles de trois corps ou plus (voir 8.8) constitua la première utilisation d'équations différentielles.

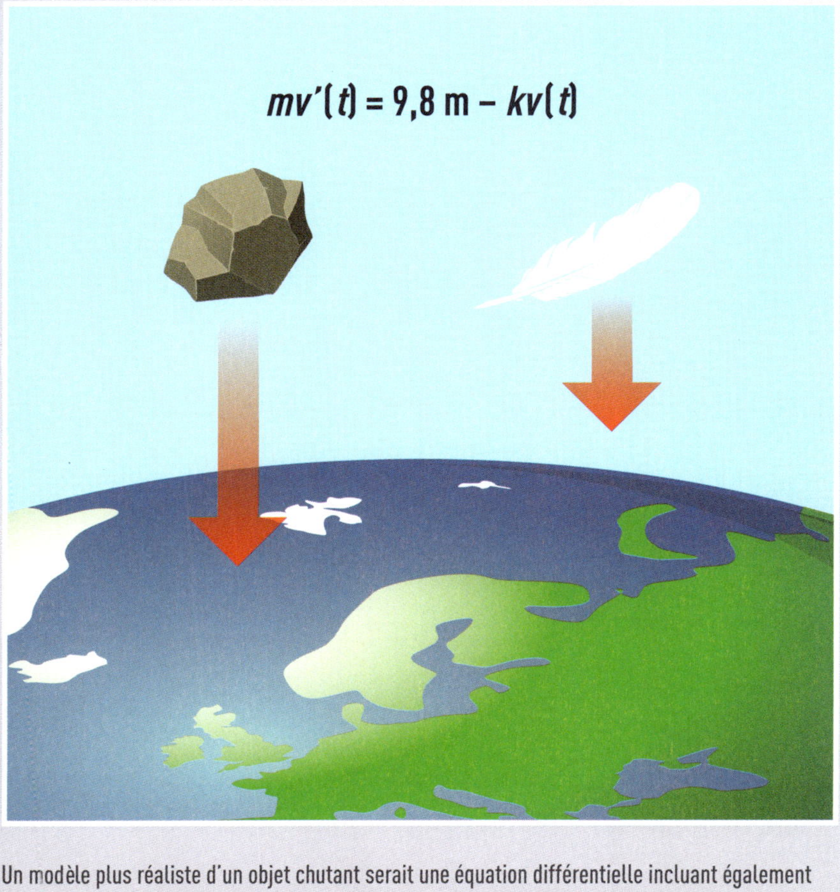

Un modèle plus réaliste d'un objet chutant serait une équation différentielle incluant également la résistance de l'air (la constante *k* dans l'équation) et la masse (la constante *m*) de l'objet. Ce modèle tiendrait compte du fait que les objets ne chutent pas tous à la même vitesse.

8.10 Équations de Navier-Stokes

On peut observer le chaos à l'œuvre dans le flux d'une rivière agitée.

Si on laisse tomber deux bâtons de la berge d'une rivière, ils peuvent suivre des trajectoires totalement différentes. Le flux d'un fluide, turbulent ou calme, est gouverné par un ensemble d'équations connues sous le nom d'**équations de Navier-Stokes**. Ce sont des équations différentielles (voir 8.9) qui décrivent les relations entre les changements de vitesse (mesurée dans les trois directions), de pression et de viscosité du fluide.

Les équations de Navier-Stokes sont plus complexes que l'exemple de la section précédente. Une équation différentielle qui dépend d'une seule variable (le temps, par exemple) est une **équation différentielle ordinaire**. Dans les équations de Navier-Stokes, la vitesse, la pression et la viscosité changent dans le temps, mais également selon la position dans l'espace. Les équations différentielles dépendant de plusieurs variables sont des **équations différentielles partielles**.

Une solution à ces équations permettrait d'écrire une équation pour la vitesse et la pression pour chaque point dans l'espace et dans le temps. Tout comme avec de nombreuses équations différentielles complexes, personne ne connaît de formule donnant la solution des équations de Navier-Stokes dans leur forme la plus générale. En outre, nous ignorons s'il existe une solution, plus particulièrement une solution cohérente en termes de réalité physique des fluides que ces équations décrivent.

L'institut de mathématiques Clay offre un million de dollars à quiconque trouvera la réponse à ces questions sur les équations de Navier-Stokes.

$$\frac{\partial u}{\partial t} + u\frac{\partial u}{\partial x} + v\frac{\partial u}{\partial y} + w\frac{\partial u}{\partial z} = -\frac{\partial P}{\partial x} + 1/Re\left(\frac{\partial^2 u}{\partial x^2} + \frac{\partial^2 u}{\partial y^2} + \frac{\partial^2 u}{\partial z^2}\right)$$

$$\frac{\partial v}{\partial t} + u\frac{\partial v}{\partial x} + v\frac{\partial v}{\partial y} + w\frac{\partial u}{\partial z} = -\frac{\partial P}{\partial y} + 1/Re\left(\frac{\partial^2 v}{\partial x^2} + \frac{\partial^2 v}{\partial y^2} + \frac{\partial^2 v}{\partial z^2}\right)$$

$$\frac{\partial w}{\partial t} + u\frac{\partial w}{\partial x} + v\frac{\partial w}{\partial y} + w\frac{\partial w}{\partial z} = -\frac{\partial P}{\partial z} + 1/Re\left(\frac{\partial^2 w}{\partial x^2} + \frac{\partial^2 w}{\partial y^2} + \frac{\partial^2 w}{\partial z^2}\right)$$

$$\frac{\partial u}{\partial x} + \frac{\partial v}{\partial y} + \frac{\partial w}{\partial z} = 0$$

Les équations de Navier-Stokes décrivent la façon dont les changements de vitesse (mesurés dans les trois directions *u*, *v* et *w*) sont liés au changement de pression (*P*) et de viscosité du liquide (paramètre *Re*).

LOGIQUE

Les mathématiques sont peut-être le seul domaine dans lequel il est possible d'être absolument sûr de quelque chose. Pour être reconnu valide, un résultat mathématique doit être prouvé rigoureusement à partir d'un ensemble d'axiomes de base, en s'appuyant sur les règles de la logique. Une fois cette étape passée, on peut être sûr qu'il est vrai, toujours et partout.

Cette partie explore la notion de vérité mathématique. Nous aborderons les règles de la logique, ainsi que l'idée que les mathématiques doivent se fonder sur un ensemble d'axiomes : des vérités évidentes dont personne ne doute et qui n'ont pas besoin d'être prouvées. Nous découvrirons comment, dans un monde où tout est soit vrai, soit faux, on peut évaluer la véracité de propositions complexes grâce à des tables de vérité. Cette logique vrai/faux sous-jacente est la force motrice des ordinateurs modernes.

Nous examinerons également deux des principales méthodes permettant de prouver des énoncés : la preuve par la contradiction, qui suppose qu'une prémisse engendrant une contradiction doit être fausse ; et la preuve par induction, qui permet de démontrer un fait concernant une infinité de propositions à la fois, sans étudier celles-ci une par une. Nous verrons également comment les preuves mathématiques, qui furent pendant des millénaires une prérogative du cerveau humain, sont désormais apportées par des ordinateurs.

Enfin, contre toute attente, nous présenterons un résultat spectaculaire qui montre que, même en mathématiques, les choses ne sont pas nécessairement vraies ou fausses. Dans une certaine mesure, les mathématiques sont également une question d'opinion.

Sommaire

9.1 Règles de la logique

Nous savons tous que la vérité peut être difficile à trouver, mais existe-t-il des propositions qui sont toujours et invariablement vraies ?

Les philosophes examinent cette question depuis la nuit des temps. Ils ont émis trois idées appelées lois de la pensée.

La première est la loi de l'identité, que l'on peut résumer ainsi : « Toutes les choses sont identiques à elles-mêmes. »

La deuxième est la loi de la non-contradiction : « Rien ne peut être et ne pas être à la fois. » Un animal est soit un chat, soit pas un chat. Vous voulez boire un café ou vous ne le voulez pas : cette loi semble incontestablement vraie pour la plupart des choses qui nous entourent.

La troisième est la loi du tiers exclu : « Toute chose doit soit être, soit ne pas être. » Alors que la deuxième loi affirme qu'aucun objet ne peut englober les domaines de l'être et du non-être, la troisième déclare que rien ne peut non plus échapper à ces deux domaines.

Ces lois peuvent être converties en **règles de la logique**. Par exemple, si l'on écrit A pour une proposition (« la Terre est ronde ») et NON A pour sa négation (« la Terre n'est pas ronde »), la première loi signifie que A = A. La deuxième implique que les deux propositions A et NON A ne peuvent pas être vraies simultanément, et la troisième que l'une des deux propositions doit être vraie obligatoirement.

Ces trois lois remontent à la Grèce antique, mais cela n'empêche pas les philosophes d'en discuter encore aujourd'hui.

Ce détail de *L'École d'Athènes*, œuvre du peintre Raphaël, représente Platon (à gauche) et Aristote (à droite). Ils ont tous deux joué un rôle important dans l'élaboration des lois de la pensée.

9.2 Systèmes axiomatiques

Dans l'idéal, les mathématiques devraient se résumer à un certain nombre d'axiomes, des vérités évidentes utilisées comme point de départ permettant de déduire logiquement tous les autres faits mathématiques.

Les axiomes d'Euclide concernant la géométrie de l'espace plat (voir 2.6) présentent toutes les constructions élémentaires possibles dans un espace plat réalisées avec un compas et une règle. Toute la géométrie euclidienne peut alors être réduite aux constructions basées sur ces **axiomes** fondamentaux.

Mais, comme nous l'avons vu, les axiomes d'Euclide ne sont pas tant des vérités fondamentales que des contraintes fondamentales : le cinquième axiome peut faire l'objet de variantes pour produire de nouvelles géométries. Les géométries sphérique et hyperbolique s'appuient sur les quatre premiers axiomes, mais le cinquième est différent.

Ces caractéristiques illustrent les qualités d'un **système axiomatique** utile. On peut accepter les axiomes sans preuve ni démonstration. Aucun axiome ne peut être dérivé d'une combinaison des autres. Ils doivent être cohérents et ne pas se contredire. Ils doivent également constituer le plus petit ensemble possible, et pourtant ils génèrent un système intéressant sur le plan mathématique.

Ce système axiomatique est nécessaire, car il permet d'utiliser les règles de la logique pour prouver des résultats que vous savez vrais pour des objets du système. Il élimine les hypothèses cachées et les vides dans les arguments.

Les axiomes révèlent les principales propriétés des objets dans votre système.

Axiomes de l'origami

Les mathématiciens ont imaginé sept axiomes pour décrire les constructions pouvant être réalisées avec des plis droits en origami, qui sont encore plus puissants que les axiomes d'Euclide.

9.3 Axiomes de Peano

Afin de comprendre le fonctionnement des systèmes axiomatiques, prenons l'exemple des nombres naturels et de leur arithmétique.

Supposons que vous ne connaissiez pas les nombres naturels. On vous communique les quatre règles suivantes :

- 0 est un nombre naturel.
- Tous les nombres naturels ont un successeur.
- Aucun nombre naturel n'a 0 comme successeur.
- Des nombres naturels différents ont des successeurs différents.

Ces quatre axiomes définissent tous les nombres naturels : 1 est le successeur de 0, 2 celui de 1... Ils définissent aussi l'addition. 7 + 2 signifie « prendre le chiffre 7 et remonter de deux crans dans la liste des successeurs ». De l'addition, on déduit la multiplication (une addition répétée). On peut définir la soustraction comme une addition à rebours et la division comme une multiplication à rebours (dans la mesure du possible au sein des nombres naturels). Ces axiomes peuvent définir les nombres naturels et leur arithmétique.

Ces axiomes furent formulés par le mathématicien italien Giuseppe Peano (1858–1932) en 1889. Il en ajouta un cinquième : « Supposons qu'une propriété admette 0 et que l'on puisse prouver que si cette propriété admet un autre nombre naturel, elle admet le successeur de ce nombre. La propriété admet alors tous les nombres naturels. » Cet axiome permet de démontrer des faits concernant les nombres naturels, même s'il en existe une infinité, grâce aux preuves par induction (voir 9.6)

6

De nombreux faits concernant les nombres naturels et leur calcul peuvent être déduits des axiomes de Peano.

Les axiomes de Peano permettent aux extraterrestres ne possédant aucune notion des nombres naturels de les additionner et de prouver des choses les concernant.

9.4 Tables de vérité

Trois mots simples, NON, OU et ET suffisent à créer un système de logique complet.

Si une proposition A est vraie (par exemple, « Je veux un café »), alors la négation de cette proposition, NON A (« Je ne veux pas de café »), est fausse. De même, si A est fausse, NON A est vraie. On peut synthétiser l'effet de l'opération NON dans une **table de vérité** (voir table 1, ci-contre).

Il est également possible de combiner deux déclarations logiques pour créer une troisième affirmation composée. Si vous savez que la proposition A est vraie (par exemple, votre envie de boire un café), alors vous savez que la proposition A OU B est vraie, quelle que soit la nature de la proposition B. Par exemple, l'affirmation « (Je veux un café) OU (Je veux une part de gâteau) » est vraie tant que vous voulez un café. Le seul cas où une affirmation OU peut être fausse est lorsque les propositions A et B sont toutes deux fausses (voir table 2).

L'autre proposition composée utilise l'opérateur ET. Pour que ce type d'affirmation soit vrai, les propositions A et B qui la composent doivent être toutes deux vraies (voir table 3).

Grâce à ces trois opérations simples, NON, ET et OU, il est possible de créer de nombreuses propositions beaucoup plus complexes et de vérifier si elles sont vraies ou fausses avec les tables de vérité.

L'informatique moderne est fondée sur cette logique binaire, dans laquelle toute proposition est soit vraie, soit fausse.

Table de vérité : gâteau et café

Table 1 : NON

A	NON A
VRAI	FAUX
FAUX	VRAI

Table 2 : OU

A	B	A OU B
VRAI	VRAI	VRAI
VRAI	FAUX	VRAI
FAUX	VRAI	VRAI
FAUX	FAUX	FAUX

Table 3 : ET

A	B	A ET B
VRAI	VRAI	VRAI
VRAI	FAUX	FAUX
FAUX	VRAI	FAUX
FAUX	FAUX	FAUX

Les tables de vérité peuvent révéler si des propositions composées, telles que « Je veux un café (A) OU Je veux une part de gâteau (B) », sont vraies ou fausses. Elles facilitent l'organisation de la pause-café matinale.

9.5 Algèbre booléenne

Deux mathématiciens, qui vécurent à des siècles différents, ont créé le langage sur lequel s'appuient les ordinateurs et le monde numérique.

En 1854, George Boole (1815-1864) réussit à passer de l'écriture de la logique basée sur des propositions et des opérateurs tels que ET, OU et NON (voir 9.4) à un nouveau type d'algèbre. Les variables de cette **algèbre booléenne** possèdent la valeur 0 si elles sont fausses et 1 si elles sont vraies :

OU s'écrit avec un nouveau type d'addition. Les règles sont les suivantes : $0 + 0 = 0$, $0 + 1 = 1 + 0 = 1 + 1 = 1$.

ET s'écrit avec un type de multiplication :
$0 \times 0 = 1 \times 0 = 0 \times 1 = 0$, $1 \times 1 = 1$.

NON échange la valeur de la variable : si $P = 1$, alors NON P, noté P', est égal à 0 et inversement. Le fait de réécrire ces opérations logiques sous forme d'algèbre permet de résoudre en quelques lignes des opérations très complexes, qui s'avéreraient laborieuses si on devait faire appel à plusieurs tables de vérité.

Claude Shannon (1916-2001) réalisa une deuxième grande avancée dans les années 1930. Il s'aperçut que les circuits complexes utilisés dans les centraux téléphoniques pouvaient être assimilés à une incarnation de l'algèbre de Boole. Ces circuits pouvaient avoir deux valeurs : ils étaient soit fermés (avec la valeur 1), soit ouverts (avec la valeur 0). La disposition des commutateurs fonctionnait de la même façon que les opérateurs OU, ET et NON d'addition, de multiplication et de négation dans l'algèbre booléenne.

Shannon se rendit compte que toutes les données pouvaient être représentées par des séries de « bits », des chiffres valant 0 ou 1.

Simplifier les circuits

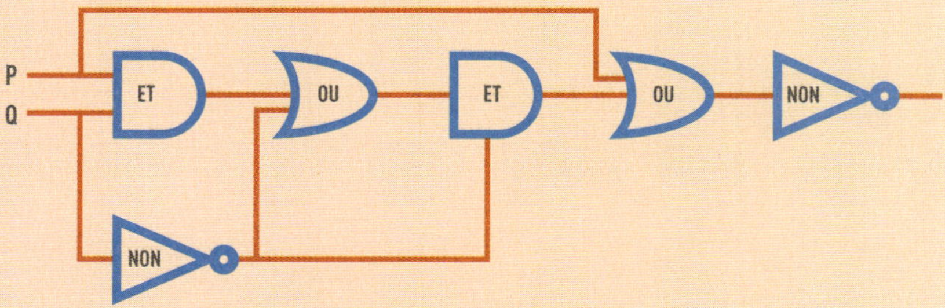

$$((P \times Q + Q') \times Q' + P)'$$

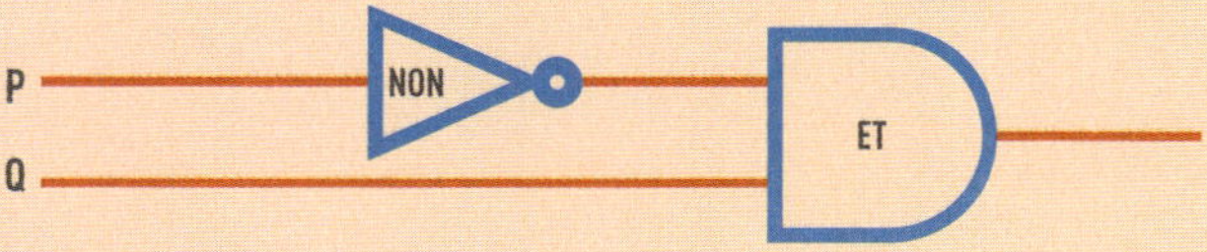

$$Q \times P'$$

On peut faire appel à l'algèbre booléenne pour prouver que le circuit complexe correspondant à l'expression $((P \times Q + Q') \times Q' + P)'$ peut être simplifié en $Q \times P'$, soit le deuxième circuit.

9.6 Preuve par induction

Comment prouver que quelque chose est vrai pour tous les nombres naturels, même s'ils sont en nombre infini ?

Imaginez la **preuve par induction** sous la forme d'une rangée de dominos prêts à basculer. Supposons que vous souhaitiez montrer que la somme des nombres naturels de 1 à n est égale à $\frac{n(n+1)}{2}$. Cela est vrai pour le premier domino. Quand $n = 1$, la somme vaut 1 et correspond à :

$$\frac{n(n+1)}{2} = 1 \times \frac{(1+1)}{2} = 1.$$

Une fois établie la véracité de la proposition au début des nombres naturels, vous devez ensuite aligner vos dominos. Un domino peut renverser le suivant si le fait que la proposition est vraie pour un nombre n implique qu'elle est également vraie pour $n + 1$. Dans notre exemple, si l'on part du principe que la proposition est vraie pour n, nous avons :

$$(1 + \ldots + n) + (n + 1) = \frac{(n(n+1))}{2} + (n + 1).$$

Nous pouvons simplement reformuler cette équation afin de montrer que la proposition est vraie pour $n + 1$:

$$1 + \ldots + n + n + 1 = \frac{(n+1)(n+2)}{2}$$

Si le fait que votre proposition est vraie pour le n-ième domino implique qu'elle est vraie pour le $(n + 1)$-ième domino, vous savez que la chute du premier domino entraînera les autres, prouvant que la proposition est vraie pour tous les nombres naturels.

Le savant grec Platon fut parmi les premiers à utiliser la preuve par induction dans son *Parménide*, en 370 avant J.-C.

La preuve par induction est similaire à une rangée de dominos disposés de façon que chacun renverse le suivant.

9.7 Preuve par contradiction

Si une hypothèse donnée implique une contradiction, elle doit être fausse.

Prenons la démonstration de l'infinité des nombres premiers. Commençons par supposer que le contraire est vrai : il existe un nombre fini de nombres premiers. Nous pouvons ensuite les énumérer dans l'ordre et leur donner des noms, p_1, p_2, p_3... jusqu'au plus grand (supposé) nombre premier p_n. Prenons maintenant le nombre E obtenu en multipliant entre eux tous ces nombres premiers et en ajoutant 1 :

$$E = p_1 \times p_2 \times p_3 \times . . . \times p_n + 1.$$

Le nombre E est plus grand que tous les nombres premiers de notre liste et puisque la liste comprend tous les nombres premiers existants, cela signifie que E ne peut pas être un nombre premier. Cependant, comme nous le savons d'après le théorème fondamental de l'arithmétique (voir 1.5), E peut s'écrire sous la forme d'un produit de nombres premiers. Cela signifie que chaque facteur premier de E devrait également être l'un des nombres premiers de notre liste, car celle-ci contient tous les nombres premiers. Cependant, d'après la formule ci-dessus, nous voyons que la division de E par l'un des nombres premiers de la liste donne un reste égal à 1. Par conséquent, notre liste ne contient pas tous les nombres premiers. C'est une contradiction.

Notre hypothèse selon laquelle le nombre de nombres premiers est fini doit par conséquent être fausse. Il s'ensuit qu'il existe une infinité de nombres premiers.

Le mathématicien grec Euclide a formulé cette preuve vers 300 avant J.-C.

Le tiers exclu

Une preuve par contradiction (ou raisonnement par l'absurde) s'appuie sur la loi du tiers exclu (voir 9.1), qui affirme que si une chose est fausse, son contraire doit être vrai.

9.8 Preuves informatiques

Une preuve mathématique reste-t-elle valide si elle est énoncée par un ordinateur plutôt que par un être humain ?

Pendant des millénaires, la preuve mathématique a été considérée comme pouvant être déduite d'une série d'étapes logiques à partir des axiomes qui définissent le système examiné. Cela peut produire des démonstrations interminables (telles que les groupes de **classification des groupes simples finis**, voir 7.10, et la démonstration par Andrew Wiles du dernier théorème de Fermat, voir 3.10), mais un humain pourrait, en théorie, comprendre la preuve du début à la fin.

Une première entorse à cette notion de preuve a surgi en 1976 lorsque Kenneth Appel (1932–2013) et Wolfgang Haken (né en 1928) démontrèrent le théorème des quatre couleurs (selon lequel il suffit de quatre couleurs pour colorer une carte sans qu'aucun pays adjacent ne soit de la même couleur). La partie traditionnelle de leur démonstration réduisit le problème à un grand nombre de cas particuliers, puis la deuxième partie s'appuya sur la puissance d'un ordinateur pour les vérifier individuellement. De nombreux mathématiciens de l'époque s'insurgèrent et prétendirent qu'il ne s'agissait pas d'une preuve. Même s'il pouvait contrôler toutes les étapes du programme informatique, aucun humain ne pouvait vérifier chacun des calculs de l'ordinateur – sans quoi ce dernier n'aurait pas été nécessaire au départ.

Les mathématiciens ne peuvent plus ignorer les preuves informatiques, car les ordinateurs ont démontré d'autres résultats mathématiques importants depuis.

Les preuves informatiques sont dorénavant traitées de la même manière que les expériences : elles sont acceptées si elles sont vérifiées et leurs résultats reproduits.

En 1998, Thomas Hales utilisa un ordinateur pour prouver la conjecture de Kepler, selon laquelle la méthode d'un épicier pour empiler les oranges est la plus efficace.

9.9 Théorèmes d'incomplétude

En mathématiques, tout est soit vrai, soit faux… non ?

De tout temps, les mathématiques ont associé différents domaines : géométrie, algèbre, calcul… Au début du XXe siècle, les mathématiciens décidèrent qu'il était temps de faire le ménage dans ce capharnaüm. Leur objectif était de faire reposer les mathématiques sur un ensemble d'axiomes et de démontrer qu'il n'y avait aucune contradiction.

Dans les années 1930, néanmoins, le mathématicien autrichien Kurt Gödel (1906–1978) découvrit une bombe qui pulvérisa ce rêve axiomatique. Supposons qu'il existe un tel système axiomatique formel contenant les nombres naturels et leur arithmétique. Gödel a prouvé qu'il existera toujours des énoncés concernant ces nombres que l'on peut **formuler**, mais que l'on ne parvient pas à démontrer comme vrais ou faux à partir de ces axiomes.

Lorsqu'on se trouve en présence d'un tel **énoncé indécidable** au sein d'un système formel et que l'on pense qu'il doit être vrai, on peut bien entendu décréter qu'il est vrai et en faire un nouvel axiome. Cependant, les **théorèmes d'incomplétude de Gödel** impliquent, soit que cela entraînera une contradiction, soit qu'il restera d'autres énoncés indécidables. Quel que soit le soin avec lequel on choisit les axiomes, des énoncés indécidables persistent. Autant faire son deuil de la belle notion de vérité mathématique absolue.

Les énoncés indécidables découverts par les mathématiciens ne concernent pas les mathématiques au quotidien.

Kurt Gödel était un ami d'Albert Einstein. Plus tard dans sa vie, il travailla sur la théorie de la relativité de ce dernier et démontra qu'en théorie, il pouvait exister des univers dans lesquels les voyages dans le passé sont possibles.

9.10 Quels axiomes ?

Si tous les axiomes engendrent des énoncés indécidables, sur quel ensemble d'axiomes les mathématiques devraient-elles reposer ?

C'est une bonne question. Au début du XXe siècle, des mathématiciens, en particulier le britannique Bertrand Russell (1872–1970), se sont rendu compte que tous les objets mathématiques pouvaient être décrits comme des groupes de « choses », appelés ensembles. Ils tentèrent donc de formuler les axiomes mathématiques sous la forme d'une **théorie des ensembles**. Cette tâche titanesque trouva son point culminant dans la rédaction des trois volumes de Russel, *Principia Mathematica*, écrits avec Alfred North Whitehead (1861–1947) et publiés entre 1910 et 1913. La démonstration présentée dans *Principia* est tellement complexe que l'identité 1 + 1 = 2 ne peut être prouvée avant le deuxième volume. Russell et Whitehead ont déclaré au sujet de ce résultat particulier que « cette proposition peut parfois trouver son utilité ».

Le système de Russell et Whitehead fut finalement remplacé par un autre, fondé sur les axiomes dits ZFC, des noms d'Ernst Zermelo (1871–1953) et Abraham Fraenkel (1891–1965), auxquels a été ajoutée une règle spéciale appelée **axiome du choix**. Les mathématiciens qui s'intéressent aux fondations des mathématiques semblent s'accorder sur le fait que les axiomes ZFC représentent la voie à suivre. Bien sûr, en raison du résultat de Gödel (voir 9.9), le système ZFC comprend des énoncés indécidables, mais les mathématiciens recherchent activement d'autres axiomes permettant de résoudre au moins ceux qui leur semblent les plus urgents.

La plupart des mathématiciens en activité ne se préoccupent pas de ces problèmes fondateurs, sauf peut-être le dimanche.

Les énoncés indécidables sont incontournables. Ils s'apparentent à un puzzle géant dont les pièces ne s'ajusteront jamais correctement. En fin de compte, chacun doit créer son propre système axiomatique.

L'INFINI

10

La notion d'infini peut paraître incompréhensible de prime abord, mais elle n'a jamais rebuté les mathématiciens. Ils l'explorent depuis des millénaires et trouvent des moyens concrets d'apprivoiser ce concept mathématique insaisissable.

Il existe en réalité de nombreux types différents d'infini. Les philosophes font la distinction entre un infini potentiel (la destination d'un processus que l'on n'atteint jamais, par exemple le plus grand nombre naturel que l'on puisse envisager) et des infinis en acte, qui pourraient exister dans le monde réel. En règle générale, une prédiction d'infini dans une théorie scientifique décrivant le monde réel indique le point auquel cette théorie s'effondre. Mais il existe des endroits, comme les trous noirs, où certains scientifiques pensent que l'infini peut exister dans la nature. Les images de fractales qui se répètent indéfiniment constituent peut-être les seules représentations matérielles de l'infini.

Les mathématiciens se posent également des questions plus concrètes, par exemple : quel est l'ordre de grandeur de l'infini ? Dans cette partie, nous découvrirons un moyen futé d'apparier les éléments d'ensembles infinis afin de comparer la taille d'un infini à un autre. Nous verrons comment cet argument incroyablement simple prouve que deux infinis que nous connaissons, les nombres naturels et les nombres réels, ne font pas la même taille.

L'un des grands défis posés par les mathématiques, connu comme l'hypothèse du continu, questionne l'existence d'infinis de taille différente entre les nombres naturels et les nombres réels. Il est impossible de répondre à cette question dans notre structure mathématique actuelle ; nous devrons mieux comprendre cette discipline pour lui apporter une solution.

Sommaire

10.1 Infini potentiel et en acte

Le mathématicien et philosophe grec Aristote a fait la distinction entre deux types d'infinis : l'un potentiel, l'autre en acte.

Nous comprenons tous de manière intuitive ce qu'est l'infini : une notion associée à des choses qui ne finissent jamais. Prenons l'exemple de l'étendue de l'Univers : quelle que soit la distance parcourue, on n'atteint jamais ses confins. La séquence illimitée des nombres naturels, 1, 2, 3, 4… est un autre exemple. Vous pouvez compter sans jamais vous arrêter, vous ne parviendrez jamais à la fin. Dans ces exemples, on n'atteint pas l'infini, mais on s'approche de quelque chose qui ne finit jamais : c'est ce que l'on appelle l'**infini potentiel**.

Tous les éléments qui composent un infini potentiel, comme chacun des nombres ou des points dans l'espace, sont finis en soi. Aristote l'a joliment formulé dans son ouvrage intitulé *Physique* :

« Généralement, l'infini a le mode d'existence suivant : une chose est toujours prise après une autre et chaque chose qui est prise est toujours finie, mais toujours différente. »

L'**infini en acte**, quant à lui, peut se trouver (s'il existe). Par exemple, si la valeur d'une chose, disons la densité de la matière dans un trou noir, devenait infinie dans un point donné de l'espace et du temps, elle constituerait un infini en acte.

Aristote pensait que les infinis en acte ne pouvaient pas exister dans la nature.

Il est tentant d'envisager l'Univers comme un infini potentiel, qui s'étend indéfiniment dans toutes les directions. Les physiciens ne sont toutefois pas sûrs que cela soit véritablement le cas ; certains pensent même que l'univers est fini.

10.2 L'infini dans la nature

Il est juste de dire qu'aucun humain n'a jamais vu l'infini, mais celui-ci pourrait-il véritablement exister ?

Les scientifiques pensent généralement que s'ils parviennent à prédire une valeur réelle de l'infini, cela indique un problème dans les modèles mathématiques qu'ils utilisent. Quelquefois, le modèle est trop simple et l'infini disparaît lorsqu'ils injectent d'autres informations. Il se peut aussi que la théorie ne s'applique plus au point où l'infini est prévu.

Il existe néanmoins certaines prédictions de **l'infini dans la nature** qui semblent plausibles pour certains scientifiques. En cosmologie, par exemple, la théorie suggère que l'Univers a été créé à la suite d'un big bang. Il était alors infiniment dense, infiniment petit et infiniment chaud. Les théories évoquent également des trous noirs, qui devraient encore exister aujourd'hui ; certains pensent qu'on en trouve un au centre de presque toutes les galaxies. Ils sont supposés présenter une densité infinie et une attraction gravitationnelle infinie en leur centre.

Mais à quoi ressemble donc l'infini s'il existe ? Nous ne saurons jamais à quoi il ressemble dans un trou noir : il est masqué par l'horizon, la région de l'espace entourant le trou noir qui marque l'endroit où rien, pas même la lumière ou l'information, ne peut échapper à la force gravitationnelle.

« Le passé est fini et l'avenir est infini. » (Edward Hubble, le premier à avoir observé l'univers en expansion, 1937)

Alors que de nombreux scientifiques considèrent les hypothèses concernant l'infini avec scepticisme, d'autres pensent qu'il existe des infinis physiques réels qui jouent un rôle important dans la structure de l'Univers.

10.3 Fractales

Les fractales sont des structures auto-semblables qui présentent la même complexité, quel que soit le niveau de zoom que l'on applique pour les observer. Nombre d'entre elles sont le résultat de processus simples, mais infinis.

Prenez un carré, que vous divisez en neuf carrés plus petits. Supprimez le carré central, de façon à n'avoir plus que huit formes. Divisez chacun de ces carrés en neuf plus petits, puis supprimez le carré central de chacun d'eux, afin d'obtenir $8 \times 8 = 64$ petits carrés. Répétez ce processus avec chacun des carrés, à l'infini.

Une fois que vous avez fini (de toute évidence, vous ne terminerez jamais, mais faites appel à votre imagination), il vous reste une forme étrange, appelons-la *X*, qui est **auto-semblable** : elle conserve le même aspect, quel que soit le niveau auquel on plonge dedans. La raison en est que la même procédure infinie (de suppression de carrés) est appliquée à tous les carrés trouvés dans la construction.

La forme *X* compte tellement de trous qu'elle ne contient aucune aire. Puisqu'elle ne couvre aucune aire, *X* ne peut pas être décrite comme bidimensionnelle. En outre, *X* est beaucoup plus complexe qu'une ligne ou une courbe unidimensionnelle ordinaire. Les mathématiciens se sont accordés sur une nouvelle définition de la dimension de ce type d'objet étrange. Avec cette nouvelle définition, notre forme *X* possède une dimension de 1,8928.

Une fractale est définie par le fait que sa dimension n'est pas un nombre entier : elle est fractionnaire.

Tapis de Sierpiński

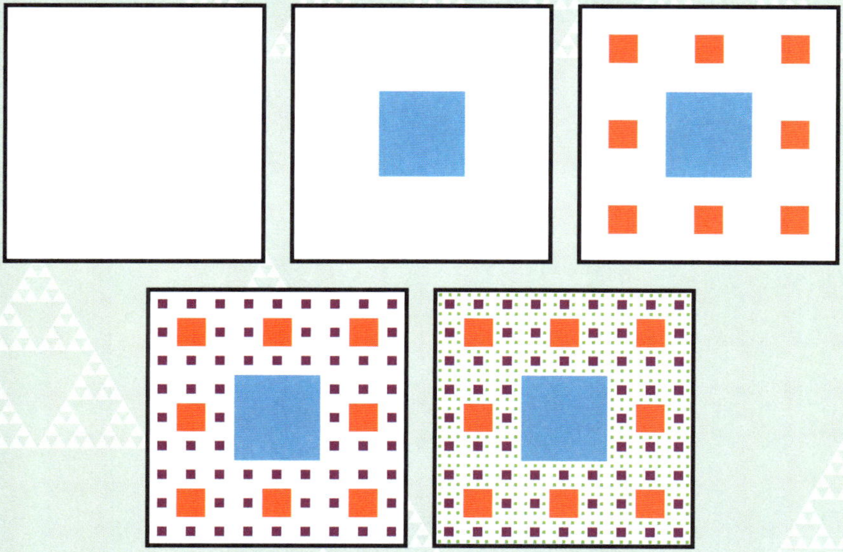

Ci-dessus, les premières étapes menant à la forme *X*. C'est ce que l'on appelle le tapis de Sierpiński, du nom de Wacław Sierpiński, qui l'a décrit pour la première fois en 1916. La fractale à l'arrière-plan est produite de manière similaire, mais à partir d'un triangle, plutôt que d'un carré.

10.4 Cardinalité

Il est possible de comparer les « tailles » de deux ensembles infinis de choses en vérifiant que l'on peut apparier exactement les objets qui les composent.

Imaginons une pièce dans laquelle se trouvent des individus et des chaises. Si chaque personne s'assoit sur exactement une chaise et que toutes les chaises sont occupées, vous savez qu'il y a autant de chaises que de personnes.

Les mathématiciens appliquent le même principe aux ensembles infinis de choses. S'il existe une manière d'apparier chacun des objets composant un ensemble avec exactement un objet dans l'autre, de sorte qu'aucun objet ne reste dans aucun des deux ensembles, on dit que les deux ensembles ont la même « taille » ou **cardinalité**. C'est logique, mais cela peut donner d'étranges résultats. Notez que vous pouvez apparier exactement les nombres pairs avec les nombres naturels :

2 est apparié avec 1 car c'est le premier nombre pair,

4 est apparié avec 2 car c'est le deuxième nombre pair,

6 est apparié avec 3 car c'est le troisième nombre pair,

et ainsi de suite. Selon la définition ci-dessus, cela signifie que l'ensemble de nombres pairs possède la même cardinalité que l'ensemble de tous les nombres naturels positifs, même si l'on peut penser qu'il devrait y en avoir moitié moins ! Il s'agit là d'un étrange résultat, mais les mathématiciens se sont résolus à l'accepter.

Galilée fut dissuadé de s'intéresser à l'infini par ce type de résultats.

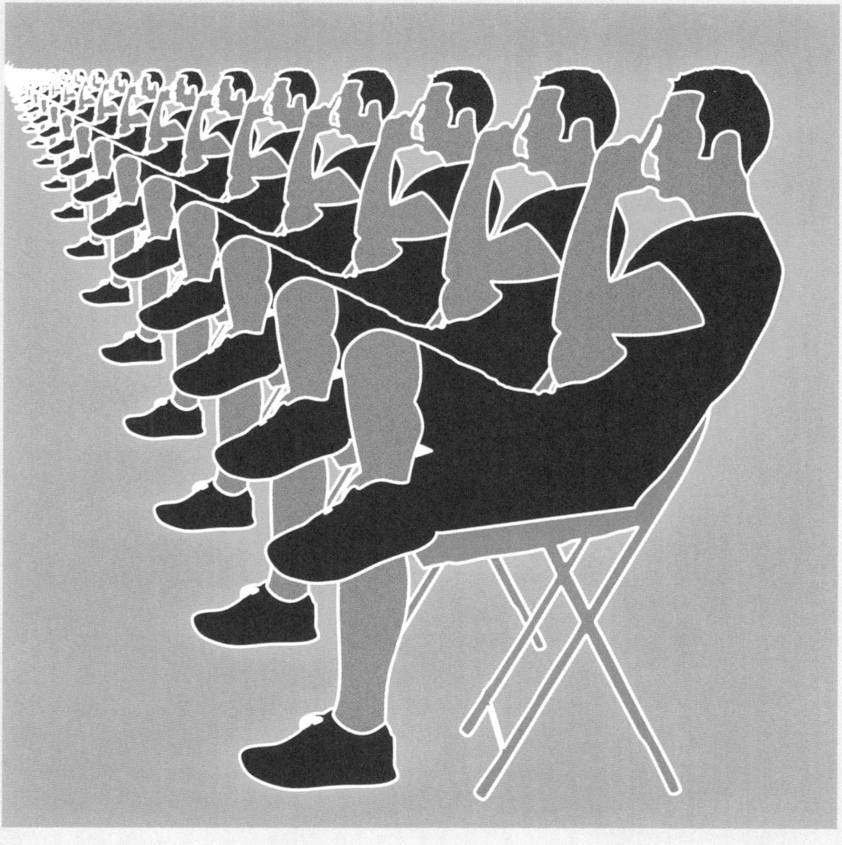

Un nombre infini de personnes assises sur un nombre infini de chaises. Ces deux ensembles infinis sont comparables en taille et présentent la même cardinalité.

10.5 Infini dénombrable

Comment compter l'infini ? En utilisant les nombres naturels, évidemment...

Avez-vous, enfant, essayé de compter l'infini ? Même si personne n'y est jamais parvenu, l'entreprise n'est pas aussi folle qu'elle y paraît.

L'infinité des nombres naturels est la première que la plupart d'entre nous rencontrent. Même si le concept est difficile à appréhender, elle n'en reste pas moins un type d'infini organisé. Il est facile de se représenter comment y parvenir : on commence à 1, puis 2, puis 3, 4...

Cette possibilité d'énumérer les nombres naturels d'une manière ordonnée et exhaustive a poussé le mathématicien allemand Georg Cantor (1845–1918) à qualifier ce type d'infini de **dénombrable**. Les nombres naturels ne constituent pas le seul ensemble infini dénombrable. En effet, on peut énumérer les nombres pairs (voir 10.4) : le premier est 2, puis 4, 6, 8... On peut égrener les nombres impairs de la même façon (le n-ième nombre de la liste est $2n - 1$). En fait, si on peut énumérer ainsi les membres d'un ensemble infini, on peut également les apparier avec les nombres naturels : le premier nombre de la liste est apparié avec 1, le deuxième avec 2... Cet ensemble, qui présente la même « taille », ou cardinalité, que les nombres naturels, est donc lui aussi un infini dénombrable.

L'ensemble infini des nombres naturels est l'infini le plus petit.

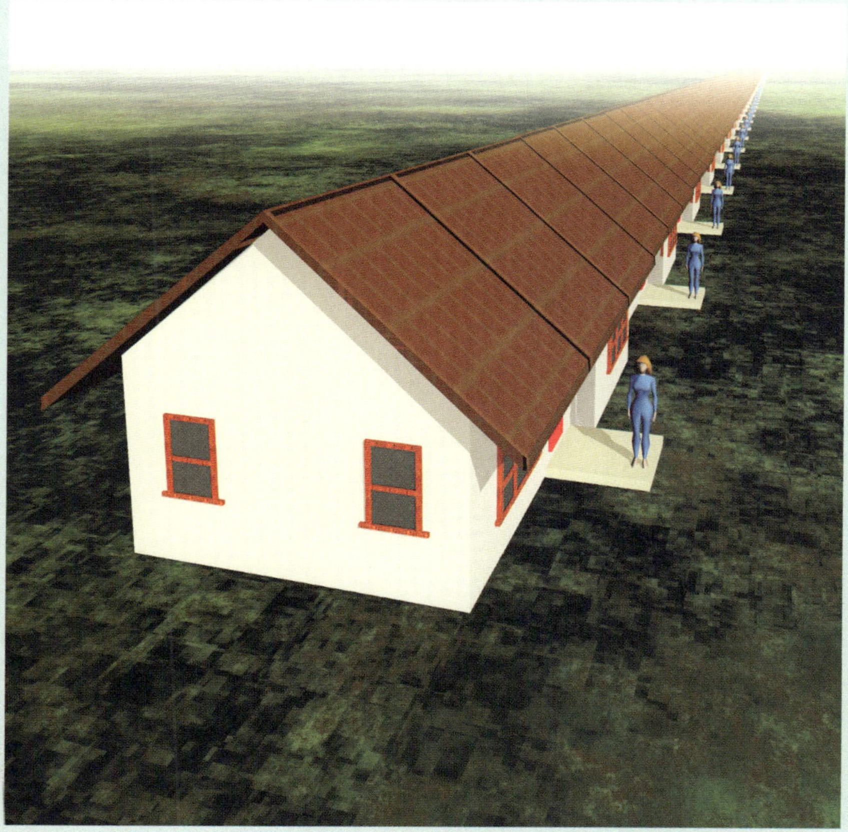

L'hôtel de Hilbert est une expérience de la pensée dans laquelle tout nombre fini *n* de nouveaux clients peut être hébergé en demandant aux personnes présentes de se déplacer d'un nombre *n* de chambres. Il permet de loger une inifinité dénombrable de nouveaux clients.

10.6 Nombres rationnels et infini

Les ensembles qui, d'emblée, semblent plus petits ou plus grands que les nombres naturels peuvent en fait être aussi des infinis dénombrables.

L'une des caractéristiques étranges de l'infini dénombrable est que les ensembles qui semblent de toute évidence plus petits que les nombres naturels possèdent en fait la même « taille » ou cardinalité. Par exemple, l'ordre dans lequel on énumère les nombres pairs permet un appariement avec les nombres naturels (voir 10.4).

Vous pouvez également constituer une liste complète des nombres rationnels, à savoir les fractions *p/q* où *p* et *q* sont des nombres naturels. À première vue, cela peut sembler impossible. Il existe une infinité de fractions entre les nombres naturels 1 et 2 : 1/2, 1/4, 1/8, 1/16... Mais il existe un moyen habile de les compter qui montre que les nombres rationnels constituent également un ensemble infini dénombrable.

Pour ce faire, consignez les nombres rationnels dans une grille, le nombre situé ligne *i* et colonne *j*, étant le nombre *i/j*. Cette grille comprend tous les nombres rationnels, y compris de nombreuses répétitions telles que 1/1 = 2/2 = 3/3, etc. Vous pouvez ensuite répertorier les nombres rationnels en suivant la ligne diagonale en zigzag illustrée ci-contre. Certains nombres sont répétés, mais vous pouvez supprimer ceux qui ont déjà été représentés. Ce qui reste est un appariement des nombres naturels avec les rationnels. Ces derniers sont, par conséquent, également dénombrables.

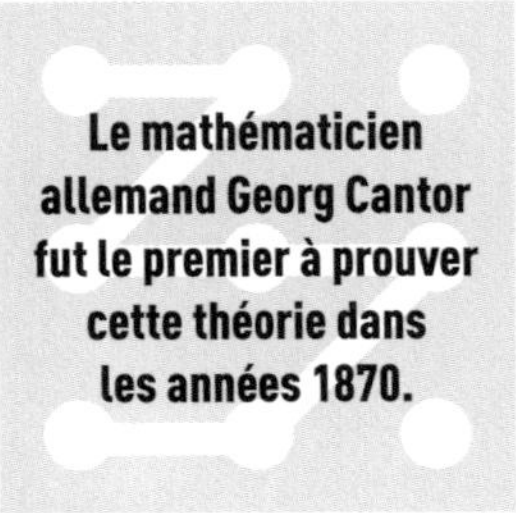

Le mathématicien allemand Georg Cantor fut le premier à prouver cette théorie dans les années 1870.

Travailler avec les nombres rationnels

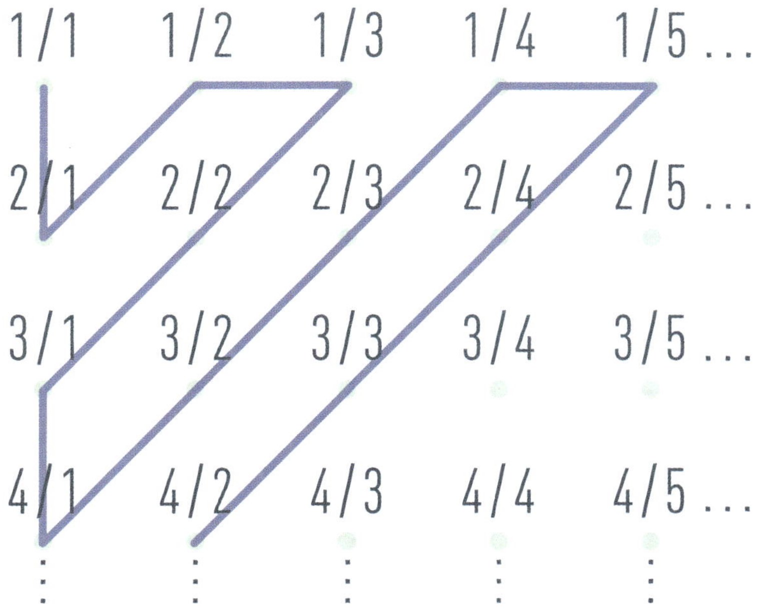

Il est possible de constituer une liste exhaustive ordonnée des nombres rationnels dans une grille de ce type.

10.7 Infini indénombrable

Il existe un infini « plus grand » que celui des nombres naturels. Il est illustré par les nombres réels, c'est un ensemble infini indénombrable.

Les nombres réels sont tous les nombres que l'on trouve sur la ligne des nombres, notamment les nombres naturels, les nombres négatifs, les nombres rationnels et les nombres irrationnels. Prenons une règle de longueur illimitée ; chaque point sur la règle correspond à un nombre réel et chaque nombre réel correspond à un point sur la règle.

Les nombres naturels forment un ensemble discret de points sur la règle infinie, séparés d'une distance de 1. Cela suggère que l'infini des nombres réels est « plus grand » que l'infini des nombres naturels : les derniers présentent des écarts identiques entre eux, tandis que les premiers parviennent à combler ces écarts et forment un **continuum**.

Il se trouve que cette intuition est correcte. Il est impossible d'établir une liste des nombres réels qui les apparie, un par un, avec les nombres naturels. Comme nous le verrons à la section suivante, au moins un nombre réel manquerait nécessairement dans cette liste. Cela signifie que l'ensemble des nombres réels présente une cardinalité plus importante que l'ensemble des nombres naturels. L'infini des nombres réels est un **infini indénombrable**.

Tout ensemble infini pour lequels on ne peut pas établir une correspondance biunivoque avec les nombres naturels est dit « indénombrable ».

Même les nombres réels compris entre 0 et 1 constituent un ensemble infini indénombrable.

Infinités au sein de l'infini

Ce ruban contient également tous les nombres irrationnels, parmi lesquels :

$$\sqrt{2} = 1.414213562373095\ldots$$

$$e = 2.718281828459045\ldots$$

$$\pi = 3.141592653589793\ldots$$

Les nombres réels, représentés par ce mètre ruban, comprennent tous les nombres représentés par les repères habituels tels que 1, 2 et 3 et certains nombres intermédiaires, comme 1,4, 2,8, 3,2 et ainsi de suite. Cachés entre ces repères, on trouve les nombres irrationnels, dont $\sqrt{2}$, e et π.

10.8 Nombres réels et infini

Grâce à la preuve par contradiction, il est possible de prouver que les nombres réels sont indénombrables.

Commençons par supposer que les **nombres réels** sont dénombrables, c'est-à-dire qu'on peut les placer dans une correspondance biunivoque avec les nombres naturels. On pourrait donc établir une liste de tous les nombres réels, qui pourrait par exemple commencer de la manière suivante : 0,23456... ; 3,67896... ; -6,65434... ; 0,8566... et ainsi de suite. Les points de suspension indiquent que le développement décimal peut se poursuivre, peut-être indéfiniment. De toute évidence, notre liste serait infiniment longue (il convient de tenir compte d'éventuelles ambiguïtés, par exemple que 0,999... = 1, mais c'est facile à faire). Créons maintenant un nombre en commençant par 0 suivi d'une virgule, suivi du premier chiffre après la virgule du premier nombre, suivi du deuxième chiffre après la virgule du deuxième nombre et ainsi de suite : 0,2746... dans cet exemple. Augmentons maintenant chaque chiffre d'une unité (ou écrivons 0 si le chiffre est 9) : dans notre exemple, cela donne 0,3857...

Ce nombre est différent du premier de la liste, car son premier chiffre après la virgule est différent, et du deuxième nombre de la liste, car son deuxième chiffre après la virgule est différent. Il est différent de tous les nombres de la liste : il ne figure donc pas dans la liste. C'est une contradiction, car nous sommes partis du principe que notre liste contenait tous les nombres réels. Par conséquent, notre hypothèse de départ est fausse et les nombres réels sont indénombrables.

Cette preuve est connue comme l'argument de la diagonale de Cantor, du nom du mathématicien Georg Cantor.

Argument de la diagonale de Cantor

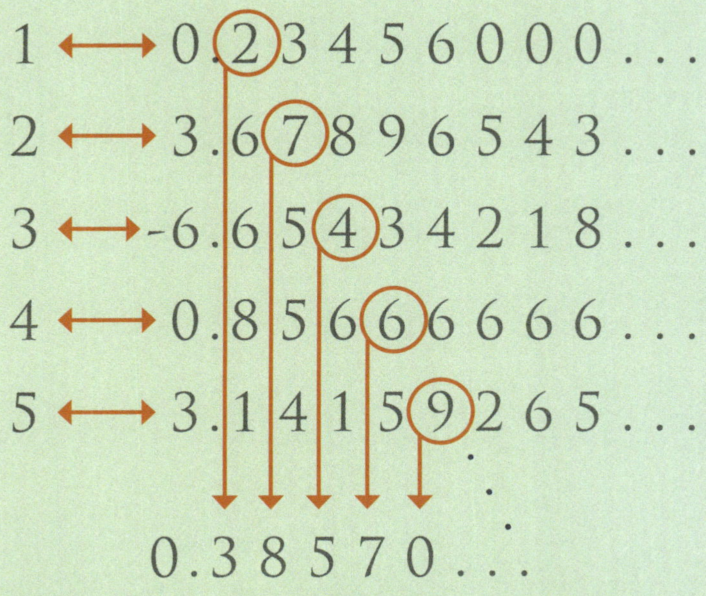

L'argument de la diagonale de Cantor présentait une démonstration mathématique de l'existence de certains nombres qui ne peuvent pas faire l'objet d'une correspondance biunivoque avec l'ensemble infini des nombres naturels.

10.9 Le paradis de Cantor

Georg Cantor a révélé l'existence d'infiniment plus d'infinis que l'infini dénombrable des nombres naturels et l'infini indénombrable des nombres réels.

Un ensemble est un groupement d'objets : les chiffres 1, 2 et 3 forment un ensemble. Un **sous-ensemble** d'un ensemble est un autre groupe, plus petit, constitué (d'une partie) des mêmes objets. Par exemple, les sous-ensembles de notre ensemble $E = \{1, 2, 3\}$ sont {1}, {2}, {3}, {12}, {13}, {23}, {123} et l'ensemble vide, qui ne contient rien. Le groupe de sous-ensembles d'un ensemble *E* constitue lui-même un ensemble, que l'on appelle l'ensemble des parties de *E*.

Quel est l'ordre de grandeur de l'ensemble des parties d'un ensemble ? La cardinalité, ou « taille » (voir 10.4), de l'ensemble des parties de l'ensemble *E* est toujours 2 élevé à la puissance de la cardinalité de *E*. Cela fonctionne pour les ensembles finis, comme notre exemple : la cardinalité de *E* était 3, et celle de l'ensemble des parties de *E* était $2^3 = 8$.

C'est également valable pour les ensembles infinis. La cardinalité des parties de l'ensemble des nombres naturels est $2^{\aleph_0}$, $\aleph_0$ étant la cardinalité des nombres naturels ($\aleph$ est le symbole hébreu *aleph*). Cantor a montré que l'on ne peut jamais apparier les membres d'un ensemble *E* avec les membres de l'ensemble de ses parties : la cardinalité de ce dernier est toujours strictement « plus grande ». Cantor a révélé une infinité d'infinis. Partir de l'ensemble des nombres naturels et prendre des ensembles de parties successivement produit une liste infinie d'ensembles infinis, présentant tous une cardinalité supérieure à celle du précédent.

Les nombres réels possèdent la même cardinalité que l'ensemble des parties des nombres naturels.

Ensembles de parties

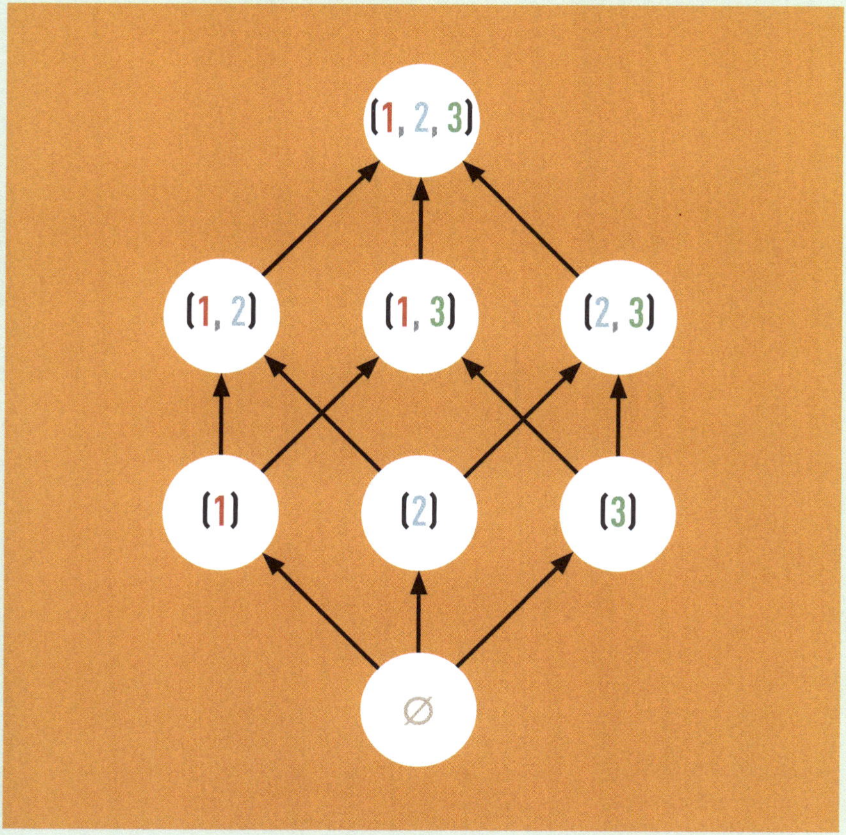

Cantor a mis au point une arithmétique pour ces nombres finis. Alors que de nombreux mathématiciens étaient horrifiés par ce travail, David Hilbert a déclaré : « Nul ne pourra nous chasser du paradis créé par Cantor. »

10.10 L'hypothèse du continu

Nous savons que la cardinalité des nombres naturels est strictement plus petite que celle des nombres réels. Cependant, existe-t-il un autre infini entre les deux ?

Dans les années 1870, Cantor révéla l'existence d'une hiérarchie des infinis. Le premier, le plus petit, est $\aleph_0$, la cardinalité des nombres naturels.

L'autre cardinalité que nous connaissons est celle des nombres réels : $2^{\aleph_0}$. Cependant, nous ignorons s'il existe des infinis entre ces deux-là.

L'**hypothèse du continu** (baptisée ainsi car les nombres réels sont connus pour former une « continuité ») affirme qu'il n'en existe pas : le prochain infini le plus grand après la cardinalité des nombres naturels est celui des nombres réels.

Une manière plus concrète d'aborder le problème consiste à se demander s'il existe un sous-ensemble des nombres réels dont la cardinalité se situe entre $\aleph_0$ et $2^{\aleph_0}$.

Cette question reste sans réponse à ce jour. Nous savons en outre qu'il est impossible d'y répondre au sein des axiomes mathématiques utilisés actuellement (voir 9.10). Cela ennuie certains mathématiciens, qui jugent cette question importante et estiment que nous devrions pouvoir lui apporter une réponse. La quête d'un nouvel axiome qui démontrerait l'hypothèse du continu se poursuit.

Le travail de Cantor posa les fondations de la théorie des ensembles, qui est toujours d'actualité.

À la différence d'autres cas de problèmes célèbres tels que le dernier théorème de Fermat, l'hypothèse du continu ne sera prouvée ou réfutée que si des changements importants sont apportés aux fondements des mathématiques.

Glossaire

Autosimilarité

Propriété d'objets dans lesquels l'objet entier est similaire ou identique à l'une de ses parties, de sorte qu'il affiche les mêmes propriétés à plusieurs échelles.

Axiome

Proposition mathématique pouvant être acceptée sans doute possible, utilisée comme prémisse pour l'élaboration d'arguments mathématiques.

Calcul

Branche des maths s'intéressant au changement. Le calcul différentiel est axé sur les dérivées (exprimées par la pente d'un graphique), alors que le calcul intégral décrit l'accumulation de quantités liées dans des situations fluctuantes (exprimées dans la zone sous un graphique).

Chaos

Tendance des systèmes dynamiques à l'imprévisibilité.

Constante

Tout nombre doté d'une valeur spécifique, immuable, qui apparaît dans une équation mathématique ou qui revêt une importance quelconque dans les maths en général.

Convergence

Tendance des termes d'une séquence ou série mathématique à se rapprocher d'une valeur limite.

Coordonnées

Système de référence permettant la définition de points uniques dans l'espace, par exemple des points sur un plan bidimensionnel ou dans un espace tridimensionnel.

Divergence

Tendance des termes d'une séquence mathématique à s'approcher de l'infini.

Énoncé indécidable

En logique mathématique, énoncé ne pouvant être ni prouvé ni réfuté au moyen des axiomes admis d'un système.

Ensemble

Groupe d'objets tels que des nombres ou des figures géométriques. La prise en compte des propriétés abstraites des ensembles est l'un des concepts fondamentaux des maths.

Équation

Égalité mathématique équilibrée. En d'autres termes, relation dans laquelle les termes de chaque côté, qu'il s'agisse de nombres, de variables ou de constantes, sont égaux entre eux.

Fractale

Forme (approximativement) auto-semblable, dont la dimension n'est pas un nombre entier.

Limite

Valeur vers laquelle converge une séquence ou série.

Nombre imaginaire

Nombre multiple du nombre imaginaire *i* (racine carrée de −1). Le nombre *i* ne se trouve pas sur la ligne des nombres réels.

Nombre irrationnel

Nombre réel ne pouvant pas être écrit sous la forme d'une fraction.

Nombre naturel

L'un des nombres servant à dénombrer : 1, 2, 3, etc.

Nombre premier

Nombre divisible uniquement par lui-même et par 1.

Nombre rationnel

Nombre pouvant être écrit sous la forme d'une fraction.

Nombre réel

Nombre représentant un point sur un continuum s'étendant de moins l'infini à l'infini.

Polygone

Forme tracée sur le plan, délimitée par un certain nombre de lignes droites.

Preuve

Argument logique irréfutable démontrant qu'un énoncé est vrai.

Produit

Résultat de la multiplication d'au moins deux nombres.

Puissance

Nombre écrit sous la forme d'un exposant après un autre nombre, qui indique le nombre de fois où ce nombre doit être multiplié par lui-même.

Série

Somme composée d'une infinité de termes.

Série géométrique

Série mathématique dans laquelle existe un ratio constant entre les termes successifs.

Série harmonique

Série mathématique dans laquelle le n-ième terme est $1/n$. Ce type de série divergente est associé aux harmoniques que l'on trouve en musique.

Solution générale

Formule unique donnant une solution pour un ensemble d'équations appartenant à un type particulier. Par exemple, la formule quadratique donne les solutions de toutes les équations quadratiques.

Somme partielle

Somme de tous les termes d'une série mathématique jusqu'à un terme donné.

Sous-ensemble

Ensemble dont les membres appartiennent tous à un autre ensemble.

Symétrie

Propriété d'un objet (tel qu'une figure géométrique) qui lui permet de rester inchangé lorsqu'il est soumis à une transformation telle qu'une rotation, une réflexion ou une translation.

Système de numération positionnel

Méthode d'écriture des nombres dans laquelle la valeur d'un symbole dépend de sa position.

Système dynamique

Système évoluant dans le temps, comme la météo.

Variable (dépendance)

Élément d'une équation dont la valeur est soit arbitraire, soit inconnue, et généralement représentée par une lettre telle que x ou y. Les variables peuvent être dépendantes ou indépendantes. Les valeurs des variables dépendantes sont liées à celles d'une ou plusieurs autres variables.

Index

Remerciements

Les auteurs remercient les équipes du Millennium Mathematics Project (mmp.maths.org) de l'Université de Cambridge et de la revue *Plus Magazine* (plus.maths.org) pour leur avoir permis d'explorer les merveilles des mathématiques au cours de ces quinze dernières années.

Crédits photographiques :

Pour lui avoir fourni les images figurant dans cet ouvrage, Quantum Books Limited remercie :

7, 51 Jos Leys – www.josleys.com ; 15 l'Institut royal belge des sciences naturelles, Bruxelles ; 47 Charles Trevelyan ; 63 DEA PICTURE LIBRARY ; 71 Shyshell ; 75 The Opte Project ; 81 Adam Cunningham et John Ringland *via* Wikipédia ; 87 Shutterstock/Hadrian ; 93 Shutterstock/keko-ka ; 105 Wikimedia Commons ; 111 Shutterstock/images72 ; 113 Shutterstock ; Robert Adrian Hillman ; 119 Shutterstock/studiostoks ; 125 Shutterstock/Yuganov Konstantin ; 129 Shutterstock/isak55 ; 135 Shutterstock/IR Stone ; 145 Eric Gaba (Sting) *via* Wikipédia ; 149 Shutterstock/Dan Breckwoldt ; 151 Adam Weyhaupt, Southern Illinois University Edwardsville ; 159 Shutterstock/konmesa ; 165 Shutterstock/Carlos Amarillo ; 175 Wikimedia Commons ; 183 Shutterstock/Chantal de Bruijne ; 185 User : Dschwen. *via* Wikipédia ; 187 Shutterstock/romvo ; 189 Ve4cib *via* Wikipédia ; 191 Michael G. Devereux ; 193 Wikimedia Commons ; 195 Wikimedia Commons ; 201 Shutterstock/block23 ; 207 Wikimedia Commons ; 209 Shutterstock/Mara008 ; 211 Shutterstock/Anna Bogatireawa ; 217 Shutterstock/TijanaM ; 221 Shutterstock/Alexei Novikov ; 223 EMILIO SEGRE VISUAL ARCHIVES/AMERICAN INSTITUTE OF PHYSICS/SCIENCE PHOTO LIBRARY ; 231 Shutterstock/Anton Jankovoy ; 233 Shutterstock/Hallowedland ; 237 Shutterstock/Ficus777.

Malgré tout le soin apporté aux crédits des contributeurs, Quantum Books Limited tient à s'excuser pour toute omission ou erreur éventuelle et assure qu'elle apportera, le cas échéant, les corrections nécessaires dans les éditions ultérieures de cet ouvrage.